Réussir mon CRPE

Mon cahier d'entrainement

MATHÉMATIQUES

M1 ET M2

SAÏD CHERMAK
DANIEL MOTTEAU

Lea.fr Nathan

LES AUTEURS

SAÏD CHERMAK
Professeur de mathématiques
Spécialisé dans la remédiation et l'accompagnement à distance
Préparation en visioconférence à l'épreuve de mathématiques du CRPE depuis 2008

DANIEL MOTTEAU
Professeur ESPE formateur Maths 1er degré, ESPE de Bretagne
Responsable ESPE, Master MEEF PLC Maths UBS
Directeur OF Profecoles

Direction éditoriale : Pascaline Citron
Édition : Stephanie Dizel-Doumenge, Aurore Champavère
Fabrication : Lysiane Bouchet
Conception graphique et mise en pages : Lucille Pachot
Illustrations : Pollux

92 avenue de France - 75013 Paris
ISBN : 978-2-0950-0164-3
Code éditeur : 168948
ISSN : 2823-9245

SOMMAIRE

ORGANISATION DE L'OUVRAGE

SUR CHAQUE SUJET, JE COMPLÈTE LES 3 NIVEAUX D'EXERCICES ET J'ÉVALUE MA PROGRESSION À L'AIDE DES CORRIGÉS

- ☐ **NIVEAU 1** → Pour débuter l'entrainement
- ☐ **NIVEAU 2** → Pour confirmer les acquis
- ☐ **NIVEAU 3** → Pour aller plus loin !

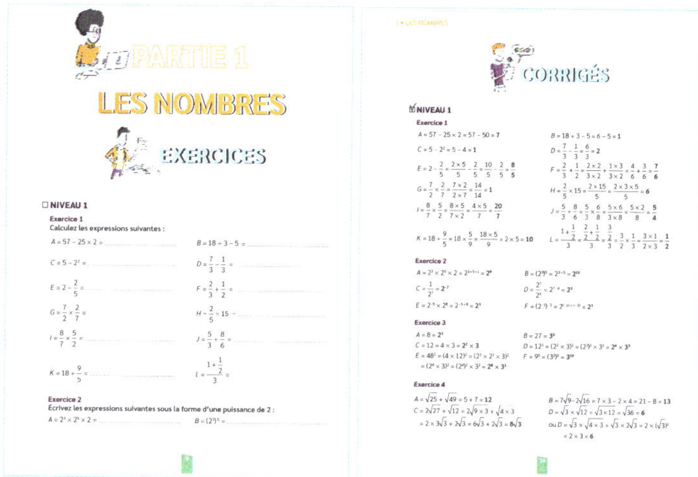

JE PRÉCISE CERTAINS POINTS

Le célèbre personnage de mathématiques Pythagore me rappelle certaines définitions ou théorèmes indispensables.

JE PRÉPARE LE CRPE AVEC DES CONTENUS INÉDITS

Rendez-vous sur Lea.fr, dans l'espace Lea.fr / Devenir enseignant / Préparer le CRPE pour découvrir un accompagnement complet pour les mathématiques et les autres épreuves du concours !

Introduction

Cet ouvrage a pour objectif de vous préparer au concours de recrutement de professeurs des écoles (CRPE) en vous assurant une solide culture mathématique.

POURQUOI UN CAHIER D'ENTRAINEMENT ?

Pour réussir le concours de recrutement de professeurs des écoles (CRPE), il est indispensable de réussir de façon satisfaisante dans chacune des épreuves d'admissibilité. L'épreuve écrite d'admissibilité de mathématiques puis l'épreuve orale de leçon (admission) en mathématiques sont des passages obligés. Vous ne pourrez pas y échapper !

RAPPEL DES ÉPREUVES DE MATHÉMATIQUES

- Épreuve écrite disciplinaire de mathématiques (admissibilité)
  Durée : 3 heures
  Coefficient : 1 – Notée sur 20
  Contenu : ensemble d'au moins trois exercices indépendants, permettant de vérifier les connaissances du candidat.
- Épreuve de leçon (admission)
  Durée de préparation : 2 heures – Durée de l'épreuve : 1 heure (conjointe avec le Français)
  Coefficient : 4 – Notée sur 20
  Contenu : conception et animation d'une séance d'enseignement à l'école primaire (dossier en appui)

Programme : l'ensemble des connaissances, compétences et démarches intellectuelles du socle commun de connaissances, compétences et culture, et les programmes des cycles 1 à 4

Que faire et comment procéder si vous avez depuis longtemps perdu contact avec cette discipline des études secondaires ?
Que faire et comment procéder si cette discipline n'a jamais été parmi vos préférées ?
Comment renouer ou tout simplement nouer une relation avec les mathématiques qui va vous permettre de progresser et d'atteindre le niveau requis pour le concours ?

Que ce soit dans les ouvrages ou sur internet, les exercices ne manquent pas. Alors que peut vous apporter de plus cet ouvrage ? N'est-il pas qu'une compilation d'exercices de plus ?

Travailler seul sans aucun guide présente le grand danger de la dispersion, du travail tous azimuts sans réelle efficacité.

Dans cet ouvrage, vous trouverez d'abord :
– Une approche exhaustive du programme, une présentation structurée, ce qui vous évitera un travail inutile en ciblant les connaissances et compétences attendues pour le concours.
– Une répartition claire par domaines et chapitres des exercices à travailler :

- Nombres
- Arithmétique
- Calcul algébrique
- Fonctions numériques
- Probabilités...

Ensuite les listes d'exercices proposées dans chacun des chapitres vont vous permettre d'organiser votre travail, d'évaluer votre progression, et savoir quand vous pouvez être satisfait du niveau atteint dans un domaine ou un autre.

Vous pourrez, par exemple, dire : « Ça y est ! Je suis prêt à affronter les probabilités au concours ! ». Quelle satisfaction !

Dans chacun des 14 chapitres, vous trouverez une série d'exercices qui recensent l'ensemble des savoirs et savoir-faire indispensables pour une réussite satisfaisante au concours.

TROIS NIVEAUX D'ENTRAINEMENT

Les exercices sont classés selon trois niveaux d'expertise (facilement repérables grâce à des codes couleurs) :

☐ NIVEAU 1

Ces exercices vont vous permettre de revenir à l'essentiel, les savoirs et savoir-faire basiques, tout à fait indispensables à bien maitriser.
Exemple :
Une urne contient trois boules blanches et deux boules noires.
On tire une boule de l'urne, quelle est la probabilité d'obtenir une boule blanche ?

Réponse : $p = \frac{3}{5}$

On mobilise ici la connaissance de base, la probabilité d'un évènement simple est égale au quotient : nombre de cas favorables / nombre de cas possibles.

☐ NIVEAU 2

Pour ces exercices, vous devrez mobiliser les connaissances et compétences acquises lors du travail sur les exercices du **NIVEAU 1**, mais vous devrez également faire preuve d'une capacité à les utiliser à bon escient, à prendre des initiatives, à les utiliser dans un raisonnement un peu plus complexe.
Exemple :
Dans une urne il y a des boules blanches et des boules noires.
On tire une boule de l'urne.
On sait que la probabilité d'obtenir une boule blanche est $\frac{3}{8}$, quelle est la probabilité d'obtenir une boule noire ?

Réponse : $p = 1 - \frac{3}{8} = \frac{5}{8}$

La connaissance utilisée dans l'exercice précédent de niveau 1 est indispensable mais insuffisante, il faut savoir aller plus loin : reconnaitre que les événements « obtenir une boule blanche » et « obtenir une boule noire » sont des événements contraires et donc que *p* (« obtenir une boule noire ») = 1 – *p* (« obtenir une boule blanche »)

□ NIVEAU 3

Ce sont les exercices parmi les plus difficiles posés au concours. Il faut être rompu aux différents types de raisonnements que l'on a pu rencontrer dans les exercices de **NIVEAU 2**, savoir aller vite et aller à l'essentiel. Il faut aussi savoir décloisonner ses connaissances et utiliser, si nécessaire, des connaissances d'autres chapitres.

Exemple :

On dispose d'un dé tétraédrique truqué numéroté de 1 à 4.

La probabilité d'apparition de chacune des faces est proportionnelle au nombre porté par cette face.

Quelle est la probabilité d'obtenir la face 4 ?

Réponse : *p* (« obtenir la face 4 ») = $\frac{2}{5}$

Si on appelle p_i la probabilité d'obtenir la face i, on a :

$P_1 + P_2 + P_3 + P_4 = 1$

$P_1 + 2P_1 + 3P_1 + 4P_1 = 1$

Réponse : $P_1 = \frac{1}{10}$ et donc $P_4 = \frac{4}{10} = \frac{2}{5}$

Vous pourrez faire de cet ouvrage l'outil de votre réussite au concours.

Bon entrainement !

PARTIE 1

LES NOMBRES

EXERCICES

☐ NIVEAU 1

Exercice 1

Calculez les expressions suivantes :

$A = 57 - 25 \times 2 =$ ....

$B = 18 \div 3 - 5 =$ ....

$C = 5 - 2^2 =$ ....

$D = \frac{7}{3} - \frac{1}{3} =$ ....

$E = 2 - \frac{2}{5} =$ ....

$F = \frac{2}{3} + \frac{1}{2} =$ ....

$G = \frac{7}{2} \times \frac{2}{7} =$ ....

$H = \frac{2}{5} \times 15 =$ ....

$I = \frac{8}{7} \times \frac{5}{2} =$ ....

$J = \frac{5}{3} \div \frac{8}{6} =$ ....

$K = 18 \div \frac{9}{5} =$ ....

$L = \dfrac{1 + \frac{1}{2}}{3} =$ ....

Exercice 2

Écrivez les expressions suivantes sous la forme d'une puissance de 2 :

$A = 2^3 \times 2^5 \times 2 =$ ....

$B = (2^3)^5 =$ ....

$C = \dfrac{1}{2^7} =$ ....

$D = \dfrac{2^7}{2^4} =$ ....

$E = 2^{-5} \times 2^8 =$ ....

$F = (2^{-1})^{-3} =$ ....

Exercice 3

Écrivez sous la forme d'une puissance de 2 ou de 3 les nombres suivants :

$A = 8 =$ ....

$B = 27 =$ ....

$C = 12 =$ ....

$D = 12^3 =$ ....

$E = 48^2 =$ ....

$F = 9^5 =$ ....

Exercice 4

Simplifiez les nombres suivants :

$A = \sqrt{25} + \sqrt{49} =$ ....

$B = 7\sqrt{9} - 2\sqrt{16} =$ ....

$C = 2\sqrt{27} + \sqrt{12} =$ ....

$D = \sqrt{3} \times \sqrt{12} =$ ....

$E = \sqrt{3^2 + 4^2} =$ ....

$F = \dfrac{\sqrt{75}}{\sqrt{3}} =$ ....

Exercice 5

Calculez les expressions suivantes :

$A = 7 - (8 + 2 \times 4 - 5 \times ((3 - 8)) =$ ....

$B = (13 - (10 - 2)) \times 3 - 5 =$ ....

$C = 19 + 4 \times (25 - 3 \times (14 - 6)) =$ ....

$D = 5 \times 8 - 2 + \dfrac{640}{(20 - 4 \times 3) \times (12 - (7 - 3))} =$ ....

$E = 15 + (3 \times (4 + (5 \times 2) + 1)) + (6 \times 2) =$ ....

$F = 78 + ((5 + 12) - 10) - (19 - 7) =$ ....

$G = 13 - (7 - (5 - (3 - 2))) =$ ....

$H = 64 \div (32 \div (16 \div (8 \div 4))) =$ ....

☐ NIVEAU 2

Exercice 6

Retrouvez les parenthèses manquantes dans les égalités suivantes et rajoutez-les :

a) $5 + 2 \times 3 = 21$

e) $2 \times 7 - 2 \times 3 - 1 = 20$

b) $17 - 3 + 2 \times 3 = 8$

f) $5 \times 3 + 4 + 3 \times 5 + 5 \times 6 + 2 = 90$

c) $9+7-5+2=9$

d) $21 \div 3+4-3=0$

g) $20-2-3\times 7-2=3$

h) $\dfrac{42-20-9\times 2}{30-4\times 5}=4$

Exercice 7

Complétez les phrases suivantes :

La somme de deux nombres vaut 0, un des deux nombres est l'.............................. de l'autre, le produit de ces deux nombres est toujours ....

Le produit de deux nombres vaut 1, un des deux nombres est l'.............................. de l'autre.

Exercice 8

Effectuez les additions et soustractions suivantes et donnez le résultat sous la forme d'une fraction irréductible :

$A=\dfrac{3}{7}+\dfrac{5}{21}-\dfrac{4}{28}=$ ....

$B=\dfrac{20}{15}-\dfrac{7}{2}+1=$ ....

$C=\dfrac{10}{13}-\dfrac{11}{26}+\dfrac{4}{52}=$ ....

Exercice 9

Complétez les égalités suivantes :

a) $8=\dfrac{2}{3}$ de ....

b) 35 dm $=\dfrac{1}{2}$ de ....

c) 15 € $=\dfrac{5}{11}$ de ....

d) 54 kg $=\dfrac{6}{5}$ de ....

Exercice 10

Effectuez les calculs suivants. Donnez les résultats sous forme d'une fraction irréductible :

$A=\dfrac{2}{3}+\dfrac{5}{3}\times\dfrac{1}{15}=$ ....

$B=\dfrac{\dfrac{4}{3}+\dfrac{3}{10}}{\dfrac{5}{2}-\dfrac{2}{5}}=$ ....

$C = \dfrac{1}{\dfrac{1}{2} + \dfrac{1}{5}} = \dots$

$D = \dfrac{1}{7} - \dfrac{1 - \dfrac{1}{6}}{1 + \dfrac{1}{6}} = \dots$

Exercice 11

Simplifiez les écritures fractionnaires suivantes et donnez le résultat sous la forme d'une fraction irréductible :

$A = \dfrac{-20 + \dfrac{4^2}{-2^2}}{(-2)^2} = \dots$

$B = \dfrac{(-5 + 2^2) \times (-10)^2}{4 - (-1)} = \dots$

$C = \dfrac{(-10)^3 + 5^2}{4^2 \times (-5)^2} = \dots$

$D = \dfrac{\dfrac{(-2)^4}{2^2}}{3^2 - (-1)^3} = \dots$

Exercice 12

Simplifiez les quotients suivants et donnez le résultat sous forme d'une fraction irréductible :

$A = \dfrac{3^7 \times 7^9}{21^8} = \dots$

$B = \dfrac{12^7}{4^6 \times 9^4} = \dots$

$C = \dfrac{10^{21}}{2^{23} \times 5^{20}} = \dots$

$D = \dfrac{16^{24}}{2^{96}} = \dots$

Exercice 13

Complétez par des entiers les égalités suivantes :

a) $(8 \times 12)^5 = 2^{\dots} \times 3^{\dots}$

b) $(30^2 \times 20)^3 = 2^{\dots} \times 3^{\dots} \times 5^{\dots}$

Exercice 14

Une fraction a pour dénominateur 95, on sait qu'elle représente un rationnel non décimal. Parmi les nombres suivants, quel nombre peut être son numérateur ? Entourez la bonne réponse.

a) 5

b) 95

c) 57

d) 665

e) 19

Exercice 15

Écrivez à l'aide d'un seul radical les nombres suivants :

$A = 3\sqrt{12} - 2\sqrt{27} + 5\sqrt{48} =$ ....

$B = 7\sqrt{2} + 3\sqrt{8} - 2\sqrt{50} =$ ....

$C = 3\sqrt{125} - 2\sqrt{80} + \sqrt{500} =$ ....

Exercice 16

Écrivez les nombres suivants avec un dénominateur entier :

$A = \dfrac{3}{\sqrt{5}}$ .... $B = \dfrac{1+\sqrt{2}}{\sqrt{3}}$ ....

$C = \dfrac{1}{\sqrt{2}-1}$ .... $D = \dfrac{2}{\sqrt{4}+\sqrt{3}}$ ....

Exercice 17

Montrez que les nombres $5 - 2\sqrt{6}$ et $5 + 2\sqrt{6}$ sont inverses l'un de l'autre.

....

....

....

Exercice 18

a) Les nombres **suivants** (*cf.* tableau ci-après) sont-ils des entiers naturels, entiers relatifs, décimaux, rationnels, réels ? Cochez la bonne case.

b) Rangez ces nombres dans l'ordre croissant.

c) Lorsque cela est possible, donnez l'écriture décimale des nombres qui sont donnés en écriture fractionnaire et une écriture fractionnaire des nombres rationnels qui sont donnés en écriture décimale.

	entier naturel	entier relatif	décimal	rationnel	réel	Rang	écriture décimale / fractionnaire
$\frac{87}{93}$							
$-\frac{24}{6}$							
$3,\overline{3}$							
$\frac{3}{5}$							
$\frac{17}{16}$							
1,069							
$\sqrt{(-5)^2}$							
$\sqrt{49+16}$							
14,38							
$1,4\overline{52}$							

☐ NIVEAU 3

Exercice 19

On donne les nombres rationnels suivants :

$A = \frac{364}{1001}$; $B = \frac{384}{275}$. Répondez aux questions en entourant la bonne réponse :

a) Les nombres A et B sont-ils des décimaux ?   oui   non

b) Le nombre $A + B$ est-il un décimal ?   oui   non

Exercice 20

On considère deux nombres $\frac{29}{55}$ et $\frac{39}{75}$.

a) Sont-ils des décimaux ? Entourez la bonne réponse.   oui   non

b) Comparez ces deux nombres : ....

c) Trouvez un nombre décimal strictement compris entre ces deux nombres :

....

....

d) Trouvez une fraction qui ne soit pas un nombre décimal, strictement comprise entre ces deux nombres :

....

....

Exercice 21

Un nombre à trois chiffres dont le chiffre des dizaines est différent de zéro est 26 fois plus grand que le nombre à deux chiffres formé en enlevant le chiffre des centaines. Déterminez toutes les solutions possibles.

....

....

....

....

Exercice 22

Les multiples de 21 dont l'écriture nécessite deux chiffres sont 21 ; 42 ; 63 et 84. Pour écrire cette liste de multiples, il faut huit caractères d'imprimerie.

a) Combien en faut-il pour écrire la liste des multiples de 21 dont l'écriture nécessite trois chiffres ?

....

....

....

....

b) Combien en faut-il pour écrire la liste des multiples de 21 dont l'écriture nécessite cinq chiffres ?

....

....

....

....

CORRIGÉS

☑ NIVEAU 1

Exercice 1

$A = 57 - 25 \times 2 = 57 - 50 = \mathbf{7}$

$B = 18 \div 3 - 5 = 6 - 5 = \mathbf{1}$

$C = 5 - 2^2 = 5 - 4 = \mathbf{1}$

$D = \frac{7}{3} - \frac{1}{3} = \frac{6}{3} = \mathbf{2}$

$E = 2 - \frac{2}{5} = \frac{2 \times 5}{5} - \frac{2}{5} = \frac{10}{5} - \frac{2}{5} = \mathbf{\frac{8}{5}}$

$F = \frac{2}{3} + \frac{1}{2} = \frac{2 \times 2}{3 \times 2} + \frac{1 \times 3}{3 \times 2} = \frac{4}{6} + \frac{3}{6} = \mathbf{\frac{7}{6}}$

$G = \frac{7}{2} \times \frac{2}{7} = \frac{7 \times 2}{2 \times 7} = \frac{14}{14} = \mathbf{1}$

$H = \frac{2}{5} \times 15 = \frac{2 \times 15}{5} = \frac{2 \times 3 \times 5}{5} = \mathbf{6}$

$I = \frac{8}{7} \times \frac{5}{2} = \frac{8 \times 5}{7 \times 2} = \frac{4 \times 5}{7} = \mathbf{\frac{20}{7}}$

$J = \frac{5}{3} \div \frac{8}{6} = \frac{5}{3} \times \frac{6}{8} = \frac{5 \times 6}{3 \times 8} = \frac{5 \times 2}{8} = \mathbf{\frac{5}{4}}$

$K = 18 \div \frac{9}{5} = 18 \times \frac{5}{9} = \frac{18 \times 5}{9} = 2 \times 5 = \mathbf{10}$

$L = \frac{1 + \frac{1}{2}}{3} = \frac{\frac{2}{2} + \frac{1}{2}}{3} = \frac{\frac{3}{2}}{3} = \frac{3}{2} \times \frac{1}{3} = \frac{3 \times 1}{2 \times 3} = \mathbf{\frac{1}{2}}$

Exercice 2

$A = 2^3 \times 2^5 \times 2 = 2^{3+5+1} = \mathbf{2^9}$

$B = (2^3)^5 = 2^{3 \times 5} = \mathbf{2^{15}}$

$C = \frac{1}{2^7} = \mathbf{2^{-7}}$

$D = \frac{2^7}{2^4} = 2^{7-4} = \mathbf{2^3}$

$E = 2^{-5} \times 2^8 = 2^{-5+8} = \mathbf{2^3}$

$F = (2^{-1})^{-3} = 2^{(-1) \times (-3)} = \mathbf{2^3}$

Exercice 3

$A = 8 = \mathbf{2^3}$

$B = 27 = \mathbf{3^3}$

$C = 12 = 4 \times 3 = \mathbf{2^2 \times 3}$

$D = 12^3 = (2^2 \times 3)^3 = (2^2)^3 \times 3^3 = \mathbf{2^6 \times 3^3}$

$E = 48^2 = (4 \times 12)^2 = (2^2 \times 2^2 \times 3)^2$

$= (2^4 \times 3)^2 = (2^4)^2 \times 3^2 = \mathbf{2^8 \times 3^2}$

$F = 9^5 = (3^2)^5 = \mathbf{3^{10}}$

Exercice 4

$A = \sqrt{25} + \sqrt{49} = 5 + 7 = \mathbf{12}$

$B = 7\sqrt{9} - 2\sqrt{16} = 7 \times 3 - 2 \times 4 = 21 - 8 = \mathbf{13}$

$C = 2\sqrt{27} + \sqrt{12} = 2\sqrt{9 \times 3} + \sqrt{4 \times 3}$

$= 2 \times 3\sqrt{3} + 2\sqrt{3} = 6\sqrt{3} + 2\sqrt{3} = \mathbf{8\sqrt{3}}$

$D = \sqrt{3} \times \sqrt{12} = \sqrt{3 \times 12} = \sqrt{36} = \mathbf{6}$

ou $D = \sqrt{3} \times \sqrt{4 \times 3} = \sqrt{3} \times 2\sqrt{3} = 2 \times (\sqrt{3})^2$

$= 2 \times 3 = \mathbf{6}$

$E = \sqrt{3^2 + 4^2} = \sqrt{9 + 16} = \sqrt{25} = \mathbf{5}$

attention ! $\sqrt{3^2 + 4^2} \neq 3 + 4 = \mathbf{7}$

$F = \dfrac{\sqrt{75}}{\sqrt{3}} = \sqrt{\dfrac{75}{3}} = \sqrt{25} = \mathbf{5}$

ou $F = \dfrac{\sqrt{25 \times 3}}{\sqrt{3}} = \dfrac{5\sqrt{3}}{\sqrt{3}} = \mathbf{5}$

Exercice 5

$A = 7 - (8 + 2 \times 4 - 5 \times (3 - 8)) = 7 - (8 + 8 - 5 \times (-5)) = 7 - (16 + 25) = 7 - 41 = -34$

$B = (13 - (10 - 2)) \times 3 - 5 = (13 - 8) \times 3 - 5 = 5 \times 3 - 5 = 15 - 5 = 10$

$C = 19 + 4 \times (25 - 3 \times (14 - 6)) = 19 + 4 \times (25 - 3 \times 8) = 19 + 4 \times (25 - 24) = 19 + 4 \times 1 = 23$

$D = 5 \times 8 - 2 + \dfrac{640}{(20 - 4 \times 3) \times (12 - (7 - 3))} = 40 - 2 + \dfrac{640}{(20 - 12) \times (12 - 4)} = 38 + \dfrac{640}{8 \times 8}$

$= 38 + \dfrac{640}{64} = 38 + 10 = 48$

$E = 15 + (3 \times (4 + (5 \times 2) + 1)) + (6 \times 2) = 15 + (3 \times (4 + 10 + 1)) + 12 = 15 + (3 \times 15) + 12$

$= 15 + 45 + 12 = 72$

$F = 78 + ((5 + 12) - 10) - (19 - 7) = 78 + (17 - 10) - 12 = 78 + 7 - 12 = 73$

$G = 13 - (7 - (5 - (3 - 2))) = 13 - (7 - (5 - 1)) = 13 - (7 - 4) = 13 - 3 = 10$

$H = 64 \div (32 \div (16 \div (8 \div 4))) = 64 \div (32 \div (16 \div 2)) = 64 \div (32 \div 8) = 64 \div 4 = 16$

NIVEAU 2

Exercice 6

a) $(5 + 2) \times 3 = 21$

b) $17 - (3 + 2 \times 3) = 8$

c) $9 + 7 - (5 + 2) = 9$

d) $21 \div (3 + 4) - 3 = 0$

e) $2 \times (7 - 2) \times (3 - 1) = 20$

f) $5 \times (3 + 4) + 3 \times 5 + 5 \times (6 + 2) = 90$

g) $20 - 2 - 3 \times (7 - 2) = 3$

h) $\dfrac{42 - (20 - 9 \times 2)}{30 - 4 \times 5} = 4$

Exercice 7

La somme de deux nombres vaut 0, un des deux nombres est **l'opposé** de l'autre, le produit de ces deux nombres est toujours **négatif**.

Le produit de deux nombres vaut 1, un des deux nombres est l'**inverse** de l'autre.

Exercice 8

$A = \dfrac{3}{7} + \dfrac{5}{21} - \dfrac{4}{28} = \dfrac{3}{7} + \dfrac{5}{21} - \dfrac{1}{7} = \dfrac{9}{21} + \dfrac{5}{21} - \dfrac{3}{21} = \dfrac{11}{21}$

$B = \dfrac{20}{15} - \dfrac{7}{2} + 1 = \dfrac{4}{3} - \dfrac{7}{2} + 1 = \dfrac{8}{6} - \dfrac{21}{6} + \dfrac{6}{6} = -\dfrac{7}{6}$

$C = \dfrac{10}{13} - \dfrac{11}{26} + \dfrac{4}{52} = \dfrac{10}{13} - \dfrac{11}{26} + \dfrac{2}{26} = \dfrac{20}{26} - \dfrac{11}{26} + \dfrac{2}{26} = \dfrac{11}{26}$

Exercice 9

a) $8 = \frac{2}{3}$ de 12

b) 35 dm $= \frac{1}{2}$ de 70 dm

c) 15€ $= \frac{5}{11}$ de 33 €

d) 54 kg $= \frac{6}{5}$ de 45 kg

Exercice 10

$$A = \frac{2}{3} + \frac{5}{3} \times \frac{1}{15} = \frac{2}{3} + \frac{5}{3 \times 15} = \frac{2}{3} + \frac{1}{3 \times 3} = \frac{2}{3} + \frac{1}{9} = \frac{6}{9} + \frac{1}{9} = \frac{7}{9}$$

$$B = \frac{\frac{4}{3} + \frac{3}{10}}{\frac{5}{2} - \frac{2}{5}} = \frac{\frac{40}{30} + \frac{9}{30}}{\frac{25}{10} - \frac{4}{10}} = \frac{\frac{49}{30}}{\frac{21}{10}} = \frac{49}{30} \times \frac{10}{21} = \frac{49 \times 10}{21 \times 30} = \frac{7}{9}$$

$$C = \frac{1}{\frac{1}{2} + \frac{1}{5}} = \frac{1}{\frac{5}{10} + \frac{2}{10}} = \frac{1}{\frac{7}{10}} = 1 \times \frac{10}{7} = \frac{10}{7}$$

$$D = \frac{1}{7} - \frac{1 - \frac{1}{6}}{1 + \frac{1}{6}} = \frac{1}{7} - \frac{\frac{6}{6} - \frac{1}{6}}{\frac{6}{6} + \frac{1}{6}} = \frac{1}{7} - \frac{\frac{5}{6}}{\frac{7}{6}} = \frac{1}{7} - \frac{5}{6} \times \frac{6}{7} = \frac{1}{7} - \frac{5}{7} = -\frac{4}{7}$$

Exercice 11

$$A = \frac{-20 + \frac{4^2}{-2^2}}{(-2)^2} = \frac{-20 - \frac{16}{4}}{4} = \frac{-20 - 4}{4} = \frac{-24}{4} = -6$$

$$B = \frac{(-5 + 2^2) \times (-10)^2}{4 - (-1)} = \frac{(-5 + 4) \times 100}{4 + 1} = \frac{-100}{5} = -20$$

$$C = \frac{(-10)^3 + 5^2}{4^2 \times (-5)^2} = \frac{-1\,000 + 25}{16 \times 25} = \frac{-975}{400} = \frac{-25 \times 39}{25 \times 16} = -\frac{39}{16}$$

$$D = \frac{\frac{(-2)^4}{2^2}}{3^2 - (-1)^3} = \frac{\frac{2^4}{2^2}}{9 - (-1)} = \frac{2^{4-2}}{9 + 1} = \frac{2^2}{10} = \frac{4}{10} = \frac{2}{5}$$

Exercice 12

$A = \dfrac{3^7 \times 7^9}{21^8} = \dfrac{3^7 \times 7^9}{(3 \times 7)^8} = \dfrac{3^7 \times 7^9}{3^8 \times 7^8} = \dfrac{7^{9-8}}{3^{8-7}} = \dfrac{7}{3}$

$B = \dfrac{12^7}{4^6 \times 9^4} = \dfrac{(2^2 \times 3)^7}{(2^2)^6 \times (3^2)^4} = \dfrac{(2^2)^7 \times 3^7}{2^{12} \times 3^8} = \dfrac{2^{14} \times 3^7}{2^{12} \times 3^8} = \dfrac{2^{14-12}}{3^{8-7}} = \dfrac{2^2}{3} = \dfrac{4}{3}$

$C = \dfrac{10^{21}}{2^{23} \times 5^{20}} = \dfrac{(2 \times 5)^{21}}{2^{23} \times 5^{20}} = \dfrac{2^{21} \times 5^{21}}{2^{23} \times 5^{20}} = \dfrac{5^{21-20}}{2^{23-21}} = \dfrac{5}{2^2} = \dfrac{5}{4}$

$D = \dfrac{16^{24}}{2^{96}} = \dfrac{(2^4)^{24}}{2^{96}} = \dfrac{2^{96}}{2^{96}} = 1$

Exercice 13

a) $(8 \times 12)^5 = (2^3 \times 2^2 \times 3)^5 = (2^5 \times 3)^5 = (2^5)^5 \times 3^5 = 2^{25} \times 3^5$

b) $(30^2 \times 20)^3 = ((2 \times 3 \times 5)^2 \times 2^2 \times 5)^3 = (2^2 \times 3^2 \times 5^2 \times 2^2 \times 5)^3 = (2^4 \times 3^2 \times 5^3)^3$
$= (2^4)^3 \times (3^2)^3 \times (5^3)^3 = 2^{12} \times 3^6 \times 5^9$

Exercice 14

Réponse : a) 5

Comme $95 = 5 \times 19$ et que 19 est un nombre premier alors le numérateur de la fraction doit être un multiple de 5 et premier avec 19.
La bonne réponse est donc 5.
En effet on a bien $\dfrac{5}{95} = \dfrac{5}{5 \times 19} = \dfrac{1}{19}$ qui est un rationnel non décimal.

Exercice 15

$A = 3\sqrt{12} - 2\sqrt{27} + 5\sqrt{48} = 3\sqrt{4 \times 3} - 2\sqrt{9 \times 3} + 5\sqrt{16 \times 3} = 6\sqrt{3} - 6\sqrt{3} + 20\sqrt{3} = 20\sqrt{3}$

$B = 7\sqrt{2} + 3\sqrt{8} - 2\sqrt{50} = 7\sqrt{2} + 3\sqrt{4 \times 2} - 2\sqrt{25 \times 2} = 7\sqrt{2} + 6\sqrt{2} - 10\sqrt{2} = 3\sqrt{2}$

$C = 3\sqrt{125} - 2\sqrt{80} + \sqrt{500} = 3\sqrt{25 \times 5} - 2\sqrt{16 \times 5} + \sqrt{100 \times 5} = 15\sqrt{5} - 8\sqrt{5} + 10\sqrt{5} = 17\sqrt{5}$

Exercice 16

$A = \dfrac{3}{\sqrt{5}} = \dfrac{3\sqrt{5}}{(\sqrt{5})^2} = \dfrac{3\sqrt{5}}{5}$

$B = \dfrac{1 + \sqrt{2}}{\sqrt{3}} = \dfrac{\sqrt{3}\left(1 + \sqrt{2}\right)}{(\sqrt{3})^2} = \dfrac{\sqrt{3} + \sqrt{6}}{3}$

$C = \dfrac{1}{\sqrt{2} - 1} = \dfrac{\sqrt{2} + 1}{\left(\sqrt{2} - 1\right)\left(\sqrt{2} + 1\right)} = \dfrac{\sqrt{2} + 1}{(\sqrt{2})^2 - 1} = \dfrac{\sqrt{2} + 1}{2 - 1} = \sqrt{2} + 1$

$D = \dfrac{2}{\sqrt{4} + \sqrt{3}} = \dfrac{2\left(\sqrt{4} - \sqrt{3}\right)}{\left(\sqrt{4} + \sqrt{3}\right)\left(\sqrt{4} - \sqrt{3}\right)} = \dfrac{2\left(\sqrt{4} - \sqrt{3}\right)}{(\sqrt{4})^2 - (\sqrt{3})^2} = \dfrac{2\left(\sqrt{4} - \sqrt{3}\right)}{4 - 3} = 2\left(\sqrt{4} - \sqrt{3}\right)$

Exercice 17

Deux nombres non nuls sont inverses l'un de l'autre si leur produit est égal à 1.

$(5-2\sqrt{6})(5+2\sqrt{6}) = 5^2-(2\sqrt{6})^2 = 25-2^2\times(\sqrt{6})^2 = 25-4\times 6 = 25-24 = 1$

On en conclut que $5-2\sqrt{6}$ est l'inverse de $5+2\sqrt{6}$.

Exercice 18

a)

- $\dfrac{87}{93} = \dfrac{3\times 29}{3\times 31} = \dfrac{29}{31}$, donc $\dfrac{87}{93}$ est un **rationnel**.
- $-\dfrac{24}{6} = -4$, donc $-\dfrac{24}{6}$ est un **entier relatif**.
- $3,\overline{3}$ est un **rationnel** car il a une écriture décimale illimitée et périodique de période 3. Rappel : une fraction irréductible représente un nombre décimal si son dénominateur est uniquement composé d'un produit de puissances de 2 et de puissances de 5).
- $\dfrac{3}{5} = 0,6$ est un **décimal** (son dénominateur $5 = 2^0\times 5^1$).
- $\dfrac{17}{16} = 1,0625$ est un **décimal** (son dénominateur $16 = 2^4\times 5^0$).
- 1,069 est un **décimal**. 1 est la partie entière et 0,069 est la partie décimale.
- $\sqrt{(-5)^2} = 5$ est un **entier naturel**.
- $\sqrt{49+16} = \sqrt{65}$ est un **irrationnel** : il a une écriture décimale illimitée et non périodique.
- 14,38 est un **décimal**, 14 est la partie entière et 0,38 est la partie décimale.
- $1,4\overline{52}$ est un **rationnel** car il a une écriture décimale illimitée et périodique de période 52.

b) Le rangement dans un ordre croissant donne :

$-\dfrac{24}{6}$; $\dfrac{3}{5}$; $\dfrac{87}{93}$; $\dfrac{17}{16}$; 1,069 ; $1,4\overline{52}$; $3,\overline{3}$; $\sqrt{(-5)^2}$; $\sqrt{49+16}$; 14,38

c)

- Écriture décimale des nombres qui sont donnés en écriture fractionnaire.

$-\dfrac{24}{6} = -4$; $\dfrac{3}{5} = 0,6$; $\dfrac{17}{16} = 1,0625$

- Écriture fractionnaire des nombres rationnels qui sont donnés en écriture décimale.

$1,069 = \dfrac{1\,069}{1\,000}$; $14,38 = \dfrac{1\,438}{100} = \dfrac{719}{50}$

- Écrivons $3,\overline{3}$ sous la forme d'une fraction irréductible.

Posons $a = 3,\overline{3}$. On a donc $10a = 33,\overline{3}$

$10a = 33 + 0,\overline{3}$ et $a = 3 + 0,\overline{3}$

Par soustraction membre à membre des deux égalités on obtient $10a - a = 33 + 0,\overline{3} - (3 + 0,\overline{3})$

$9a = 33 + 0,\overline{3} - 3 - 0,\overline{3} = 30$,

d'où $a = \dfrac{30}{9}$, soit $a = \dfrac{10}{3}$

- Posons $a = 1,4\overline{52}$ on a donc $10a = 14,\overline{52}$ et $1\,000a = 1\,452,\overline{52}$

$1\,000a = 1452 + 0,\overline{52}$ et $10a = 14 + 0,\overline{52}$

Par soustraction membre à membre des deux égalités on obtient
$1\,000a - 10a = 1\,452 + 0,\overline{52} - (14 + 0,\overline{52})$

$990a = 1\,452 + 0,\overline{52} - 14 - 0,\overline{52} = 1\,438$

D'où $a = \dfrac{1\,438}{990}$ soit après simplification $a = \dfrac{719}{495}$

☑ NIVEAU 3

Exercice 19

a) $A = \dfrac{364}{1\,001} = \dfrac{4 \times 7 \times 13}{7 \times 11 \times 13} = \dfrac{4}{11}$, donc **A n'est pas un décimal.**

On a $B = \dfrac{384}{275} = \dfrac{3 \times 128}{11 \times 25}$, B n'est pas un décimal car le dénominateur de la fraction irréductible B n'est pas uniquement composé d'un produit de puissances de 2 et de puissances de 5.

En effet $275 = 5^2 \times 11$.

Réponse : A n'est pas un décimal, B n'est pas un décimal.

b)

$A + B = \dfrac{4}{11} + \dfrac{384}{275} = \dfrac{4}{11} + \dfrac{384}{11 \times 25}$

$A + B = \dfrac{4 \times 25}{11 \times 25} + \dfrac{384}{11 \times 25} = \dfrac{484}{11 \times 25}$

$A + B = \dfrac{4 \times 11^2}{25 \times 11} = \dfrac{4 \times 11}{25}$

$A + B = \dfrac{44}{25} = \dfrac{44}{5^2}$

Réponse : On en déduit que A + B est bien un décimal.

Exercice 20

a)

- Considérons la fraction $\dfrac{29}{55}$. Cette fraction est irréductible.

En effet $\dfrac{29}{55} = \dfrac{29}{5 \times 11}$, les nombres 5, 11 et 29 étant premiers.

Comme son dénominateur n'est pas composé uniquement d'un produit de puissances de 2 et de puissances de 5 alors la fraction $\dfrac{29}{55}$ **n'est pas un décimal**.

- Considérons la fraction $\dfrac{39}{75}$. Cette fraction est réductible. En effet $\dfrac{39}{75} = \dfrac{3 \times 13}{3 \times 25} = \dfrac{13}{25}$.

La fraction $\frac{39}{75}$ **est un décimal** car le dénominateur de la fraction irréductible $\frac{13}{25}$ est une puissance de 5. En effet $\frac{13}{25} = \frac{13}{5^2}$. Son écriture décimale est 0,52.

Réponses : $\frac{29}{55}$ n'est pas un décimal ; $\frac{39}{75}$ est un décimal.

b) $\frac{29}{55} = 0,5\overline{27}$ suite décimale illimitée périodique et $\frac{39}{75} = 0,52$.

On en déduit que $\frac{29}{55} > \frac{39}{75}$.

c) On a $\frac{39}{75} = 0,52$ et $\frac{29}{55} = 0,5\overline{27}$

Comme $0,52 < 0,525 < 0,5\overline{27}$ alors $\frac{39}{75} < 0,525 < \frac{29}{55}$

Réponse : 0,525 est donc un décimal compris entre ces deux nombres.

d) Pour trouver une fraction qui ne soit pas un nombre décimal, strictement comprise entre ces deux nombres il suffit de calculer leur moyenne arithmétique car $\frac{29}{55}$ est un rationnel.

On a donc $\dfrac{\frac{29}{55} + \frac{13}{25}}{2} = \dfrac{\frac{145}{275} + \frac{143}{275}}{2} = \dfrac{\frac{288}{275}}{2} = \frac{144}{275}$

Réponse : $\frac{144}{275}$ est bien une fraction non décimale telle que $\frac{39}{75} < \frac{144}{275} < \frac{29}{55}$

Exercice 21

Soit N le nombre à trois chiffres et M le nombre à deux chiffres obtenu à partir du précédent en enlevant le chiffre des centaines.

On a donc $N = \overline{cdu} = 100c + 10d + u$ et $M = \overline{du} = 10d + u$ avec $N = 26 \times M$

On a $N = 100c + 10d + u = 100c + M$ car $M = 10d + u$

Comme $N = 26 \times M$ alors $100 \times c + M = 26 \times M$ ce qui équivaut à $100 \times c = 25 \times M$, soit $4 \times c = M$.

Comme $N = 100 \times c + M$ alors $N = 100 \times c + 4 \times c$,

D'où $N = 104 \times c$

Comme le chiffre c peut prendre les valeurs {1, 2, 3, 4, 5, 6, 7, 8, 9} alors N est égal à :

(**Réponse**) {104, 208, 312, 416, 520, 624, 7 728, 832, 936}

Exercice 22

a) Les multiples de 21 dont l'écriture nécessite trois chiffres sont compris entre 100 et 999.

On a donc $100 < 21 \times n < 999$ où n est une entier naturel.

En divisant les membres de cette double inégalité par 21 on obtient $\frac{100}{21} < n < \frac{999}{21}$, avec $\frac{100}{21} \approx 4,76$ et $\frac{999}{21} \approx 47,57$.

Comme n est un entier naturel alors $5 \leqslant n \leqslant 47$

47 – 5 + 1, soit 43 est le nombre de multiples possibles.

Réponse : Le nombre de caractères nécessaires pour écrire ces 43 nombres à trois chiffres est donc 43×3, soit 129 caractères.

b) On tiendra le même raisonnement pour cinq chiffres.

Les multiples de 21 dont l'écriture nécessite cinq chiffres sont compris entre 10 000 et 99 999.
On a donc $10\,000 < 21 \times n < 99\,999$ où n est un entier naturel.

En divisant les membres de cette double inégalité par 21 on obtient $\frac{10\,000}{21} < n < \frac{99\,999}{21}$, avec $\frac{10\,000}{21} \approx 476{,}19$ et $\frac{99\,999}{21} \approx 4\,761{,}86$.
Comme n est un entier naturel alors $477 \leqslant n \leqslant 4761$
$4\,761 - 477 + 1$, soit 4 285 est le nombre de multiples possibles.
Réponse : Le nombre de caractères nécessaires pour écrire ces 4 285 nombres à cinq chiffres est donc $4\,285 \times 5$, soit 21 425 caractères.

PARTIE 2

ARITHMÉTIQUE – LES OPÉRATIONS DANS ℕ

EXERCICES

☐ NIVEAU 1

Exercice 1
Quelle est la décomposition de 138 en facteurs premiers ? Entourez la bonne réponse :

a) 2 × 3 × 3 × 7

b) 2 × 3 × 23

c) 2 × 69

d) 2 × 2 × 2 × 2 × 2 × 2 × 2

Exercice 2
Combien de diviseurs possède 352 ? Entourez la bonne réponse :

a) 6

b) 5

c) 12

d) 10

Exercice 3
3 815 est-il divisible par 15 ? Entourez la bonne réponse :

a) Oui

b) Non

c) On ne peut pas le savoir

Exercice 4

La liste des diviseurs de 972 est (entourez la bonne réponse) :

a) 2, 3, 4, 6, 9, 12, 18, 27, 36, 54, 81, 108, 162, 243, 324, 486, 972.

b) 1, 2, 3, 4, 6, 9, 12, 18, 27, 36, 54, 81, 108, 162, 243, 324, 486, 972.

c) 0, 1, 2, 3, 4, 6, 9, 12, 18, 27, 36, 54, 81, 108, 162, 243, 324, 486, 972.

d) 1, 2, 3, 4, 6, 8, 9, 18, 27, 54, 81, 162, 243, 324, 486, 972.

Exercice 5

Quel est le PGCD de 2 400 et 330 ? Entourez la bonne réponse :

a) 0

b) 30

c) 1

d) 8

Exercice 6

Quel est le PPCM de 852 et 158 ? Entourez la bonne réponse :

a) 2

b) 33 654

c) 158

d) 67 308

Exercice 7

Dans l'expression 25 = 8 × 3 + 1, quels sont le dividende, le diviseur et le reste ? Entourez la bonne réponse :

a) dividende : 24 ; diviseur : 25 ; reste : 1.

b) dividende : 25 ; diviseur : 8 ; reste : 1.

c) dividende : 8 ; diviseur : 3 ; reste : 1.

d) dividende : 25 ; diviseur : 8 ; reste : 3.

Exercice 8

Le nombre 34 56*a* est divisible par 3. Listez tous les nombres possibles :

....

....

....

☐ NIVEAU 2

Exercice 9

Le PGCD de deux nombres est 12, leur PPCM est 360.
Quelles sont toutes les possibilités pour ces deux nombres ?

....

....

....

Exercice 10

Rémi a 360 billes. Il décide de les ranger dans des sacs. Chacun des sacs doit contenir le même nombre de billes, qui doit être compris entre 20 et 50, mais Rémi dispose de moins de 10 sacs.
Quelles sont les différentes possibilités de rangement de ces billes ?

....

Exercice 11

Dans la division euclidienne d'un nombre non nul par 7, on trouve un quotient égal au double du reste. Trouvez toutes les valeurs possibles du dividende, du quotient et du reste de cette division.

....

....

....

Exercice 12

Une caisse à parois rectangulaires a pour dimensions en centimètres : 180, 150, et 90.
On veut fabriquer des boites cubiques toutes identiques, aussi grandes que possible, avec une arête qui mesure un nombre entier de centimètres, et en nombre suffisant pour remplir totalement la caisse.
Déterminez le nombre de boites nécessaires et leurs dimensions.

....

....

....

....

Exercice 13

**Une école regroupe tous ses élèves pour organiser un grand jeu par équipes.
Si les élèves sont groupés par 7, il en reste 6.
Si les élèves sont groupés par 11, il en reste 10 mais il y a 8 équipes de moins !
Combien y a-t-il d'enfants dans cette école ?**

....

....

....

Exercice 14

Dans la division euclidienne de l'entier A par 11, le quotient est Q et le reste est R. Trouvez en fonction de Q et de R, le quotient et le reste dans la division euclidienne de $A + 300$ par 11.

....

....

....

Exercice 15

Si vous souhaitez tapisser une pièce rectangulaire, dont les dimensions sont 45 m et 60 m, avec des tapis carrés dont le côté est un nombre entier de mètres, en utilisant le moins de tapis possible, quelles doivent être les dimensions d'un tapis ?

....

....

....

Exercice 16

Les affirmations suivantes sont-elles vraies ou fausses ? Entourez la bonne réponse :

a) Si a est un nombre entier pair alors a^2 est aussi un nombre entier pair. vrai faux

b) a et q sont deux nombres entiers naturels.
L'égalité $a = 13q + 18$ montre que q est le quotient euclidien de a par 13. vrai faux

c) Si le nombre à quatre chiffres $\overline{8b76}$ est un multiple de 3
alors le nombre b est un multiple de 3. vrai faux

d) Le produit de trois nombres consécutifs dont le premier
est pair est divisible par 24. vrai faux

Exercice 17
Les affirmations suivantes sont-elles vraies ou fausses ? Entourez la bonne réponse :

a) Le nombre 4 700 001 est un nombre premier. vrai faux

b) Les nombres 32^{12} et $16^{15} + 3$ sont égaux. vrai faux

c) La somme des carrés de deux nombres entiers naturels consécutifs est toujours un nombre impair. vrai faux

□ NIVEAU 3

Exercice 18

a) Quels sont les nombres inférieurs à 10 qui possèdent exactement trois diviseurs ?

....

b) Je suis un nombre à trois chiffres dont la somme vaut 13 et je possède exactement trois diviseurs. Qui suis-je ? Trouvez ce nombre (il est unique).

....

Exercice 19
Déterminez le nombre entier *N* satisfaisant simultanément aux trois conditions ci-dessous :
– *N* est divisible par 6 ;
– *N* n'est pas divisible par 8 ;
– *N* a exactement 15 diviseurs.

....

....

....

Exercice 20
Un supermarché reçoit une livraison de bouteilles. Si l'on compte les bouteilles par 3, 5 ou 7, il en reste toujours 2.
Sachant que le nombre de bouteilles livrées est compris entre 1 500 et 1 600, combien de bouteilles le supermarché a-t-il reçues ?

....

....

....

Exercice 21

Déterminez le nombre entier *a*, sachant que :
– ce nombre s'écrit avec 4 chiffres ;
– il est supérieur à 7 000 ;
– il est multiple de 45 ;
– il est impair ;
– et le chiffre des milliers est le double de celui des centaines.

....

....

....

Exercice 22

La numération sexagésimale (base 60) exigerait l'utilisation de 60 chiffres distincts ! En pratique, on décide d'écrire chacun de ces chiffres en utilisant le codage en base 10 du nombre qu'il représente, et en l'écrivant entre parenthèses.

Par exemple, « $\overline{(2)\,(19)\,(51)}_{60}$ » est l'écriture sexagésimale du nombre qui s'écrit 8 391 en base 10 ; en effet :
8 391 = 2 × 3 600 + 19 × 60 + 51.

a) Écrivez en base 10 le nombre dont l'écriture sexagésimale est $\overline{(3)\,(0)\,(17)\,(48)}_{60}$.

....

....

b) Trouvez l'écriture sexagésimale du nombre qui s'écrit 54 325 432 en base 10.

....

....

CORRIGÉS

☑ NIVEAU 1

Exercice 1
b) 2 × 3 × 23
138 = 2 × 3 × 23. Les nombres 2, 3, 23 sont des facteurs premiers.

Exercice 2
c) 12
352 se décompose en $2^5 \times 11$ d'où le nombre de diviseurs : 6 × 2.

Exercice 3
b) Non
3 815 est divisible par 5, mais pas par 3 : 3 + 8 + 1 + 5 = 17 qui n'est pas un multiple de 3.

Exercice 4
b) 1, 2, 3, 4, 6, 9, 12, 18, 27, 36, 54, 81, 108, 162, 243, 324, 486, 972.

ASTUCE

N'oubliez pas d'inclure 1 dans la liste des diviseurs trouvés. 0 ne peut être un diviseur, la liste c) ne pouvait être valide.

Exercice 5
b) 30
La décomposition en facteurs premiers fait apparaitre un diviseur commun évident, 30.

Exercice 6
d) 67 308
852 = 2 × 2 × 3 × 71 et 158 = 2 × 79
d'où PPCM (852 ; 158) = $2^2 \times 79 \times 3 \times 71$ = 67 308.

Exercice 7
b) dividende : 25 ; diviseur : 8 ; reste : 1.

Exercice 8
Comme le nombre $\overline{34\,56a}$ est divisible par 3, alors la somme de ses chiffres 3 + 4 + 5 + 6 + a = 18 + a est divisible par 3.
Les valeurs possibles de a sont 0, 3, 6 et 9.
Réponse : Tous les nombres possibles sont 34 560, 34 563, 34 566, 34 569.

☑ NIVEAU 2

Exercice 9

En décomposant 12 et 360 en facteurs premiers, on a : $12 = 2^2 \times 3$ et $360 = 2^3 \times 3^2 \times 5$. Chacun des nombres cherchés comporte donc $(2^2 \times 3)$ dans sa décomposition en produit de facteurs premiers. L'un des nombres cherchés comporte le facteur 2^3 et/ou le facteur 3^2 et/ou le facteur 5.

Réponse : Toutes les possibilités sont :

- 12 et 360
- $2^3 \times 3$ et $2^2 \times 3^2 \times 5$ soit 24 et 180
- $2^3 \times 3^2$ et $2^2 \times 3 \times 5$ soit 72 et 60
- $2^2 \times 3^2$ et $2^3 \times 3 \times 5$ soit 36 et 120

Exercice 10

Le nombre de billes contenues dans chacun des sacs est un diviseur de 360.
Pour déterminer l'ensemble des diviseurs de 360, nous allons utiliser la décomposition en produits de facteurs premiers :

360	2
180	2
90	2
45	3
15	3
5	5
1	

d'où $360 = 2^3 \times 3^2 \times 5$.
360 admet $(3 + 1)(2 + 1)(1 + 1)$ diviseurs, soit $4 \times 3 \times 2$ donc 24 diviseurs, qui sont :
1, 2, 3, 4, 5, 6, 8, 9, 10, 12, 15, 18, 20, 24, 30, 36, 40, 45, 60, 72, 90, 120, 180, 360.
Le nombre de billes étant compris entre 20 et 50, les diviseurs qui nous intéressent dans cette liste sont : 20, 24, 30, 36, 40 et 45. Il existe alors 6 possibilités différentes pour répartir les 360 billes de manière égale dans des sacs : 18 sacs de 20 billes ; 15 sacs de 24 billes ; 12 sacs de 30 billes ; 10 sacs de 36 billes ; 9 sacs de 40 billes ; 8 sacs de 45 billes.
Mais comme Rémi dispose de moins de dix sacs, seules subsistent les possibilités : « 9 sacs de 40 billes » et « 8 sacs de 45 billes ».
Réponse : Les différentes possibilités sont « 9 sacs de 40 billes » et « 8 sacs de 45 billes ».

REMARQUE

N'oubliez jamais de mettre 1 dans la liste des diviseurs et de le compter comme tel !

Exercice 11

Soit N le dividende, nombre non nul cherché, q le quotient de la division euclidienne de N par 7 et r le reste.
On a $N = 7 \times q + r$ et $r < 7$.
Sachant que q ici est égal à $2r$, $N = 7q + r = 7(2r) + r = 14r + r = 15r$.
r peut prendre les valeurs 0, 1, 2, 3, 4, 5 et 6.

Réponse :

- Si $r = 0$ on a alors $N = 0$ solution sans intérêt.
- Si $r = 1$, on a alors $N = 15$ et $q = 2$.
- Si $r = 2$, on a alors $N = 30$ et $q = 4$.
- Si $r = 3$, on a alors $N = 45$ et $q = 6$.
- Si $r = 4$, on a alors $N = 60$ et $q = 8$.
- Si $r = 5$, on a alors $N = 75$ et $q = 10$.
- Si $r = 6$, on a alors $N = 90$ et $q = 12$.

Exercice 12

Si la caisse est totalement remplie, alors l'arête d'une des boites cubiques (qui est un nombre entier) est un diviseur de 180, 150 et 90.
L'arête d'une boite mesure en centimètres un nombre qui est un diviseur commun de 180, 150 et 90. Si l'on souhaite réaliser des boites les plus grandes possible, alors ce nombre est le plus grand commun diviseur (PGCD) de 180, 150 et 90.
Décomposons-les en produits de facteurs premiers :
$180 = 2^2 \times 3^2 \times 5$; $150 = 2 \times 3 \times 5^2$; $90 = 2 \times 3^2 \times 5$.
D'où PGCD $(180, 150, 90) = 2 \times 3 \times 5 = 30$.
Réponse (dimension des boites) : Les boites cubiques ont donc une arête de 30 cm.
La caisse a un volume égal à : $180 \times 150 \times 90 = 2\,430\,000$ cm^3.
Un cube d'arête 30 cm a un volume de $27\,000$ cm^3.
Réponse (nombre de boites) : Le nombre de boites est donc égal à $\dfrac{2\,430\,000}{27\,000} = 90$.

RAPPEL

- Toutes les arêtes d'un cube sont égales.
- Volume d'un cube : $a^3 = a \times a \times a$.

Exercice 13

Soit N le nombre d'élèves de l'école.
Notons q le nombre d'équipes obtenues en groupant les élèves par 7.
Si on les groupe par 11, on obtient 8 équipes de moins, c'est-à-dire $(q - 8)$ équipes.
On a : $N = 7q + 6$ et $N = 11(q - 8) + 10$.
On a donc : $7q + 6 = 11(q - 8) + 10$, d'où $7q + 6 = 11q - 88 + 10$, soit $4q = 84$.
Donc $q = 21$ et $N = 7 \times 21 + 6 = 153$.
Réponse : L'école comporte 153 élèves.

Exercice 14

On a : $A = 11Q + R$, avec $R < 11$.
D'où $A + 300 = 11Q + R + 300$ toujours avec $R < 11$, or $300 = 11 \times 27 + 3$.
On a donc : $A + 300 = 11Q + R + 11 \times 27 + 3$
soit $A + 300 = 11(Q + 27) + R + 3$.
Dans la division euclidienne de $A + 300$ par 11, $R + 3$ est un reste possible si et seulement si $R + 3 < 11$, c'est-à-dire si et seulement si $R < 8$.
Réponse :

- si $R < 8$ alors dans la division euclidienne de $A + 300$ par 11 le quotient est $Q + 27$ et le reste est $R + 3$;

- si $R = 8$, alors le quotient est $Q + 28$ et le reste est nul ;
- si $8 < R < 11$, alors le quotient est $Q + 28$ et le reste est $R + 3 - 11$, soit $R - 8$.

Exercice 15

Si les tapis ont un côté mesurant un nombre entier de mètres, alors ce nombre est un diviseur de 45 et de 60. La dimension cherchée est un diviseur commun de 45 et 60.
On peut dresser la liste des diviseurs de chacun de ces nombres grâce à leur décomposition en produit de facteurs premiers : $45 = 3^2 \times 5$ et $60 = 2^2 \times 3 \times 5$.
Diviseurs de 45 = {1, 3, 5, 9, 15, 45}.
Diviseurs de 60 = {1, 2, 3, 4, 5, 6, 10, 12, 15, 20, 30, 60}.
Les diviseurs communs de 45 et 60 sont : 1, 3, 5 et 15.
Si vous souhaitez utiliser le moins de tapis possible, ils doivent être le plus grand possible, vous devez donc avoir pour dimension du tapis le plus grand des diviseurs communs de 45 et 60, soit le PGCD de 45 et 60.
Réponse : Les tapis seront donc des carrés de 15 m de côté.

Exercice 16

a) **Vrai**. Si a est un nombre pair alors il existe un entier naturel k tel que $a = 2k$. On a donc $a^2 = (2k)^2 = 4k^2 = 2 \times (2k^2)$. Donc a^2 est un nombre pair.
b) **Faux**. $a = 13q + 18$ n'est pas l'écriture de la division euclidienne de a par 13 car le reste 18 est supérieur au diviseur 13.
Dans la division euclidienne de a par 13, le reste doit nécessairement être strictement inférieur au diviseur.
c) **Vrai**. $8 + 7 + 6 = 21$. La somme de trois des chiffres du nombre $8b76$ est un multiple de 3, $8 + 7 + 6 = 3 \times 7$. Donc la somme des quatre chiffres 8, b, 7 et 6 est un multiple de 3 si et seulement si b est un multiple de 3. Par conséquent le nombre $8b76$ est un multiple de 3 si et seulement si b est un multiple de 3.
d) **Vrai**. Soit n un nombre pair. Il existe un entier k tel que $n = 2k$. Les successeurs de n seront $2k + 1$ et $2k + 2$. Des trois nombres $2k$, $2k + 1$ et $2k + 2$, l'un au moins est multiple de 3 puisque les restes dans la division euclidienne par 3 ne peuvent être que 1 et 2 et 0 (si le nombre est multiple de 3). On en déduit que le produit des trois nombres est nécessairement un multiple de 3.
Par ailleurs, le produit de ces trois nombres est égal à :
$2k \times (2k + 1) \times (2k + 2) = 4k(2k + 1)(k + 1)$.
k et $k + 1$ sont des entiers consécutifs donc leur produit est un nombre pair (puisque l'un au moins des deux est pair). Donc il existe un entier k' tel que $k(k + 1) = 2k'$.
Et $4k(2k + 1)(k + 1) = 4 \times 2k' \times (2k + 1) = 8 \times k' \times (2k + 1)$.
On en déduit que le produit de ces trois nombres est un multiple de 8.
3 et 8 sont des nombres premiers entre eux donc le produit de trois nombres consécutifs dont le premier est pair est multiple de 24.

Exercice 17

a) **Faux**. Le nombre 4 700 001 est divisible par 3 car la somme de ses chiffres (4 + 7 + 1 = 12) est divisible par 3. Donc ce nombre n'est pas premier.
b) **Faux**. En utilisant les propriétés sur les puissances on a
$32^{12} = (2^5)^{12} = 2^{5 \times 12} = 2^{60}$
$16^{15} + 3 = (2^4)^{15} + 3 = 2^{4 \times 15} + 3 = 2^{60} + 3$
On en déduit que $32^{12} < 16^{15} + 3$

c) **Vrai.** n et $n + 1$ sont deux nombres entiers consécutifs.
La somme de leurs carrés est égale à
$n^2 + (n + 1)^2 = n^2 + n^2 + 2n + 1$
$n^2 + (n + 1)^2 = 2n^2 + 2n + 1$
$n^2 + (n + 1)^2 = 2(n^2 + n) + 1$
La somme $2(n^2 + n) + 1$ est bien un nombre impair.

☑ NIVEAU 3

Exercice 18

a) On peut exclure des solutions possibles les nombres premiers 2, 3, 5 et 7, puisqu'ils ne possèdent que deux diviseurs ; nous pouvons aussi exclure 0 et 1.
Il ne reste que 4, 6, 8, 9 et 10.

- 6 admet quatre diviseurs : 1, 2, 3, 6.
- 8 admet quatre diviseurs : 1, 2, 4, 8.
- 10 admet quatre diviseurs : 1, 2, 5, 10.

Réponse : Seuls 9 et 4 possèdent exactement trois diviseurs :

- 9 admet pour diviseurs 1, 3 et 9 ;
- 4 admet pour diviseurs 1, 2 et 4.

b) Soit N le nombre cherché.
On a $N = \overline{abc}$, avec $a + b + c = 13$.
Par ailleurs, N possède exactement trois diviseurs et 3 est un nombre premier qui ne peut se décomposer sous la forme de produit que d'une manière : $3 = 3 \times 1$.
Donc la décomposition de N en produit de facteurs premiers ne peut être que de la forme : $n^2 \times m^0$ où n et m sont des nombres premiers ; mais $m^0 = 1$.
Par conséquent la décomposition de N sous forme de produit de facteurs premiers ne peut que revêtir la forme : $N = n^2$ avec n premier.
Établissons la liste des carrés des nombres premiers qui comportent trois chiffres :
$11^2 = 121$; $13^2 = 169$; $17^2 = 289$; $19^2 = 361$; $23^2 = 529$; $29^2 = 841$; $31^2 = 961$.
Seul 29^2 convient car $8 + 4 + 1 = 13$.
Réponse : Le nombre cherché est donc 841.

Exercice 19

Si N est divisible par 6 alors il est divisible par 2 et par 3.
Donc son chiffre des unités est pair et la somme de ses chiffres est un multiple de 3.
Par ailleurs, N a exactement quinze diviseurs. Or 15 ne se décompose sous forme de produit de nombres entiers que de deux manières différentes : $15 = 1 \times 15$ ou $15 = 3 \times 5$.
Donc la décomposition en produit de facteurs premiers de N ne peut revêtir que deux formes différentes : $N = n^{14} \times m^0$ ou $N = n^2 \times m^4$ avec n et m premiers.
Nous pouvons donc avoir : $N = 2^{14}$, $N = 3^{14}$, $N = 2^2 \times 3^4$ ou $N = 2^4 \times 3^2$.
Les deux premiers nombres ne conviennent pas puisque N est à la fois multiple de 2 et de 3 et que ces deux premiers nombres ne sont multiples que de 2 ou de 3.
Les deux suivants sont : $N = 4 \times 81$ et $N = 16 \times 9$.
Le deuxième nombre est un multiple de 8, le premier $N = 4 \times 81 = 324$ est un multiple de 3 et de 2, donc de 6 et n'est pas un multiple de 8.
Réponse : Le nombre N recherché est 324.

RAPPEL

- Le nombre des diviseurs d'un nombre s'obtient en effectuant le produit des exposants des facteurs premiers de sa décomposition augmentés de 1.
- La solution de certains problèmes n'est pas « automatique ». Vous devez parfois procéder par tâtonnements et vérifier la validité de vos hypothèses de départ.

Exercice 20

Soit N le nombre de bouteilles cherché.
Si l'on range les N bouteilles par trois, on fait q paquets, il reste deux bouteilles donc :
$N = 3q + 2$, d'où $N - 2 = 3q$.
On peut en déduire que $N - 2$ est un multiple de 3.
$N - 2$ sera également multiple de 5 et de 7.
$N - 2$ est nécessairement un nombre de quatre chiffres, car compris entre 1 500 et 1 600, dont la somme est un multiple de 3.
$N - 2$ a un chiffre des unités qui est 0 ou 5 car $N - 2$ est un multiple de 5.
On établit la liste des multiples de 7 à partir de 1 498 (= 1 500 – 2) jusqu'à 1 598 (= 1 600 – 2) :
1 498, 1 505, 1 512, 1 519, 1 526, ..., 1 561, ..., 1 582, 1 589, 1 596.
Il ne faut retenir que ceux dont le chiffre des unités est 0 ou 5 : 1 505, 1 540, 1 575.
Parmi ceux-ci il ne faut retenir que ceux dont la somme des chiffres est un multiple de 3, soit : 1 575 (1 + 5 + 7 + 5 = 18).
On obtient $N - 2 = 1\,575$, soit $N = 1\,577$.
Réponse : Le supermarché aura été livré de 1 577 bouteilles.
Vérification : $1\,577 = 315 \times 5 + 2$, $1\,577 = 225 \times 7 + 2$, $1\,577 = 525 \times 3 + 2$.

Exercice 21

On a $N = \overline{mcdu}$. Comme N est supérieur à 7 000 alors $7\,000 \leq N \leq 9\,999$.
Il est multiple de 45 : il est donc divisible par 9 et 5.
Comme il est divisible par 5 et qu'il est impair alors son dernier chiffre est un 5, soit $u = 5$.
Comme le chiffre des milliers est le double des centaines alors $m = 2c$; ce qui implique que le chiffre des milliers est pair, soit $m = 8$ et donc $c = 4$.
On a donc $N = \overline{84d5}$.
De plus, comme N est divisible par 9 alors la somme de ses chiffres est un multiple de 9, soit $8 + 4 + d + 5 = 9k$ où k est un entier naturel.
$d + 17 = 9k$
Si $k = 0$ ou $k = 1$ alors d est négatif, ce qui est impossible car $0 \leq d \leq 9$;
Si $k = 2$ alors $d = 1$;
Si $k \geq 3$ alors $d \geq 10$, ce qui est impossible car $0 \leq d \leq 9$.
On a donc $N = 8\,415$.
Réponse : $N = 8\,415$

AUTRE DÉMARCHE

Après avoir déterminé le chiffre des unités 5, le chiffre des milliers 8 et des centaines 4, il est possible de lister tous les multiples de 45 compris entre 8 400 et 8 499, soit 8 415 et 8 460. 8 415 est la bonne réponse car le chiffre recherché est impair.

Exercice 22

a) Par convention, en base 60 nous utiliserons les 60 chiffres :
(0), (1), (2), ..., 9, (10), (11), ..., (59).

$$\overline{(3)(0)(17)(48)}_{60} = 48 \times 60^0 + 17 \times 60^1 + 0 \times 60^2 + 3 \times 60^3$$
$$= 649\,068$$

Réponse : 649 068

b) On utilise le procédé pratique des divisions euclidiennes successives pour passer de la base 10 à la base 60.

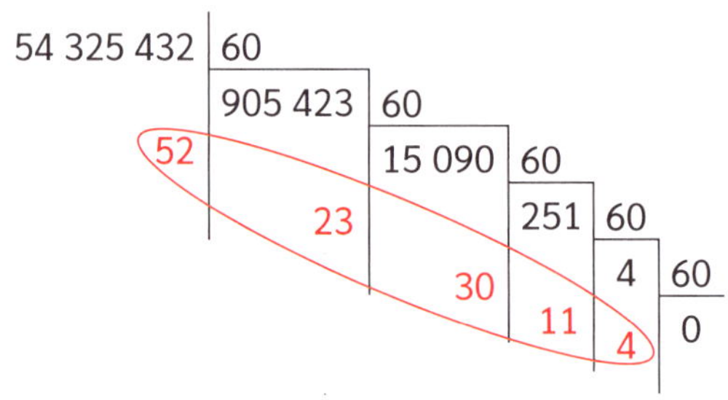

D'où l'écriture du nombre en base 60 : $\overline{(4)\,(11)\,(30)\,(23)\,(52)}_{60}$

Réponse : $\overline{(4)\,(11)\,(30)\,(23)\,(52)}_{60}$

PARTIE 3

GRANDEURS ET MESURES

EXERCICES

☐ NIVEAU 1

Exercice 1

Quelle est l'aire d'un losange dont les diagonales mesurent 3,6 cm et 9 cm ? Entourez la bonne réponse.

a) 32,4 cm^2 b) 16,2 cm^2 c) 64,8 cm^2

Exercice 2

Quelle est la conversion de 4,3 dm^2 en cm^2 ? Entourez la bonne réponse.

a) 430 cm^2 b) 43 cm^2 c) 0,43 cm^2

Exercice 3

Quelle est la conversion de 0,74 m^2 en cm^2 ? Entourez la bonne réponse.

a) 74 cm^2 b) 7 400 cm^2 c) 740 cm^2

Exercice 4

Quelle est la conversion de 21 mm^2 en cm^2 ? Entourez la bonne réponse.

a) 2,1 cm^2 b) 0,021 cm^2 c) 0,21 cm^2

Exercice 5

Quelle est l'expression, en fraction d'heure, de 15 min ? Entourez la bonne réponse.

a) $\frac{1}{4}$ h b) $\frac{1}{5}$ h c) $\frac{1}{3}$ h

Exercice 6

Quelle est l'expression, en fraction d'heure, de 3 h 10 min ? Entourez la bonne réponse.

a) $\frac{1}{20}$ h　　b) $\frac{1}{2}$ h　　c) $\frac{19}{6}$ h

Exercice 7

Quelle est l'expression, en heure décimale, de 12 min 27 s ? Entourez la bonne réponse.

a) 0,2075 h　　b) 0,44 h　　c) $\frac{12}{27}$ h　　d) 0,1227 h

Exercice 8

Quelle est la conversion de 90 km/h en m/s ? Entourez la bonne réponse.

a) 1,5 m/s　　b) 25 m/s　　c) 180 m/s

Exercice 9

Quelle est la conversion de 15 m/s en km/h ? Entourez la bonne réponse.

a) 900 km/h　　b) 45 km/h　　c) 54 km/h

Exercice 10

Parmi les trois vitesses suivantes, laquelle est la plus grande ? Entourez la bonne réponse.

a) 500 m/s　　b) 2 700 km/h　　c) 40 000 m/min

Exercice 11

Convertissez les durées suivantes en heure (h), minute (min) et seconde (s) :

a) 7,42 h = ...

b) 288,35 min = ...

c) 8 033 s = ...

Exercice 12

Effectuez l'opération suivante : 6 h 47 min 27 s + 3 h 19 min 48 s =

....

Exercice 13

Convertissez les vitesses suivantes dans l'unité indiquée :

a) 126 km/h en m/s ....

b) 330 m/s en km/h ....

Exercice 14

Convertissez les mesures suivantes dans l'unité indiquée :

a) 0,028 m^2 en cm^2 .... b) 3,56 ha en m^2 ....

c) 0,126 L en mm^3 .... d) 1 287 dg en kg ....

Exercice 15

Un rectangle de largeur 7 m a une aire de 129 m^2.

Calculez sa longueur :

a) Au dm près = ...

b) Au cm près = ...

c) Au mm près = ...

Exercice 16

Écrivez les constantes universelles suivantes en notation scientifique.

a) Vitesse de la lumière : 299 792 458 m/s = ...

b) Masse d'un proton : $167,262192 \times 10^{-29}$ kg = ...

c) Accélération de la pesanteur : $9\,806,65 \times 10^{-3}$ m/s^2 = ...

d) Faraday et Coulomb : 1 F = $964,8456 \times 10^{2}$ C = ...

Exercice 17

Sur une carte, 5 cm représentent 2,5 km sur le terrain. Quelle est l'échelle de ce terrain ? Entourez la bonne réponse.

a) $\frac{1}{500}$ b) 5 000 c) $\frac{1}{50\,000}$

Exercice 18

ABC est un triangle rectangle en A tel que AB = 8,2 cm et AC = 3 cm. Calculez l'aire de ce triangle :

....

....

Exercice 19

Calculez l'aire du trapèze ABCD rectangle en A tel que AD = 6 cm, AB = 8 cm et DC = 3 cm.

....

....

Exercice 20

Le volume d'un cône de révolution de 6 cm de diamètre est de 75,4 cm^3. Calculez sa hauteur.

....

....

....

Exercice 21

Une bille de fer a un diamètre de 5 cm, quelle est sa masse en grammes sachant que la masse volumique du fer est de 7,8 kg/dm^3 ?

....

....

....

Exercice 22

Un objet solide pèse 210 g. Sa masse volumique est 3 g/cm³. On introduit cet objet dans un vase entièrement rempli d'eau.
De combien augmente la masse du vase ?

☐ NIVEAU 2

Exercice 23

SABC est une pyramide ayant pour base le triangle ABC et pour hauteur SA.
AB = 6 cm ;
BC = SA = 8 cm ;
AC = 10 cm

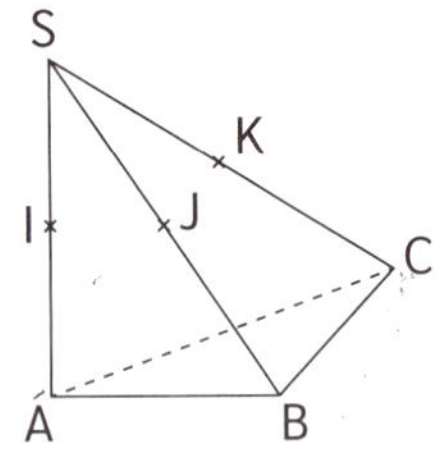

Ce dessin n'est pas à l'échelle

a) Démontrez que le triangle ABC est rectangle en B.

b) Calculez la longueur BS.

c) Calculez le volume de la pyramide SABC.

d) On appelle I, J et K les milieux respectifs des arêtes [SA], [SB] et [SC].
Calculez le volume de la pyramide SIJK.

Exercice 24

Vous faites un voyage aller et retour en voiture entre deux villes distantes de 1 000 kilomètres. À l'aller, vous roulez à la vitesse moyenne de 120 km à l'heure et vous consommez 10 litres de carburant aux 100 km.
Au retour, les conditions de circulation sont telles que vous roulez à la vitesse moyenne de 60 km à l'heure et que vous consommez 8 litres aux 100 km.
Les distances parcourues à l'aller et au retour sont les mêmes.

a) Quelle est la consommation moyenne sur l'ensemble du parcours ?

b) Quelle est la vitesse moyenne sur l'ensemble du parcours ?

....

....

Exercice 25

Depuis ce matin, un magasinier range sans interruption des caisses dans un entrepôt. Il a calculé que, s'il range 50 caisses à l'heure, il aura fini à 11 h 30. Si par contre, il en range 60 à l'heure, il aura fini à 11 h 15.

À quelle heure a-t-il commencé son travail ? Justifiez votre réponse.

....

....

....

....

Exercice 26

Un bassin est alimenté par deux fontaines qui ont chacune un débit constant. Utilisée seule, la première fontaine remplit le bassin en 9 heures. La seconde, si elle fonctionne seule, ne met que 7 heures à le remplir. Si on laisse couler la première fontaine pendant quatre heures et la seconde pendant trois heures, la quantité d'eau recueillie au total est de 550 litres. Donnez la capacité du bassin en litre.

....

....

....

....

Exercice 27

Un vététiste fait chaque semaine une sortie depuis son domicile situé à une altitude de 500 m, jusqu'à un col culminant à une altitude de 1 350 m. Il a le choix entre emprunter une route goudronnée de 27 km ou une piste en terre de 28 km.

a) La semaine dernière, il a décidé de prendre la route goudronnée. En partant à 8 h 10 min, il est arrivé au col à 9 h 40 min. À quelle vitesse moyenne a-t-il roulé ?

....

....

b) Cette semaine il a pris la piste en terre. Il constate qu'il a mis 1 h 45 min pour effectuer ce trajet. De quel pourcentage sa vitesse moyenne a-t-elle diminué ?

....

....

....

☐ NIVEAU 3

Exercice 28

Précipitations et récupérateur d'eau

Un habitant de Poitiers utilise la toiture de son garage pour recueillir l'eau de pluie et la stocker dans une cuve enterrée.

Vue du ciel, la toiture à la forme d'un rectangle de 4 mètres sur 6,2 mètres.

La cuve est constituée de deux demi-sphères de 124 cm de diamètre et d'un cylindre de révolution de diamètre 124 cm et de longueur 166 cm.

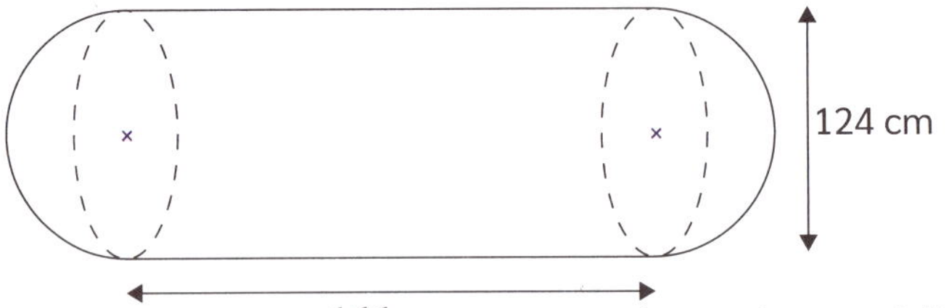

Ce dessin n'est pas à l'échelle.

Le dimanche 29 mai 2016, il a été relevé une hauteur de 31,7 mm de précipitations à Poitiers (Source : Info Climat).

a) Vérifiez que le volume d'eau, en litre, tombé sur la toiture du garage ce jour-là est environ 790 L.

....

b) Sachant que 90 % de l'eau de pluie tombée sur le toit du garage est récupérée dans la cuve, calculez le volume d'eau, en litre, réellement recueilli dans le réservoir ce jour-là.

....

c) Est-il vrai que, ce jour-là, un peu moins d'un quart de la citerne a été rempli ? On rappelle que le volume d'une boule de rayon R est donné par la formule $V = \frac{4}{3}\pi R^3$ et le volume d'un cylindre de révolution de hauteur h et dont la base a pour rayon R est $V = \pi R^2 h$.

....

Exercice 29

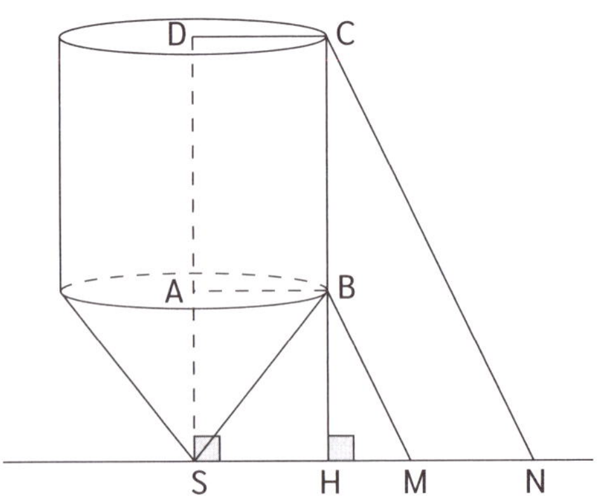

Un éleveur possède un silo à farine formé de deux solides de révolution : un cône et un cylindre, comme représenté sur la figure ci-dessus.

Ces deux solides ont le même axe de révolution.
Les centres D et A des bases sont alignés avec le sommet S du cône.
On donne : AS = 1,60 m ; DA = 2,40 m ; AB = 1,30 m. On rappelle les formules suivantes : volume du cylindre : $V_{cylindre}$ = aire de la base × hauteur.

Volume du cône : $V_{cône} = \dfrac{\text{aire de la base} \times \text{hauteur}}{3}$;

a) Quel est le volume en m³ du silo à farine ? Arrondissez au centième.

....

....

b) Le silo est rempli de farine d'orge au $\frac{6}{7}$ de son volume total. Une vache mange en moyenne 3 L de farine par jour. L'éleveur possède 48 vaches. Aura-t-il assez de farine pour nourrir ses 48 vaches durant 90 jours ?

....

....

c) Pour réaliser des travaux, deux échelles ont été posées contre le silo. Elles sont représentées sur la figure par les segments [BM] et [CN].
On donne SM = 2,1 m et SN = 3,3 m.
On note H le pied de la hauteur issue de B dans le triangle SBM.
Les points S, H, M et N sont alignés.
Les points C, B et H sont alignés.
Les deux échelles sont-elles parallèles ? Justifiez votre réponse.

....

....

....

CORRIGÉS

☑ NIVEAU 1

Exercice 1
b) 16,2 cm²

L'aire du losange est égale à $\frac{3{,}6 \times 9}{2} = 16{,}2\ \text{cm}^2$.

Exercice 2
a) 430 cm²

$4{,}3\ \text{dm}^2 = 4{,}3 \times 100\ \text{cm}^2 = 430\ \text{cm}^2$.

Exercice 3
b) 7 400 cm²

$0{,}74\ \text{m}^2 = 0{,}74 \times 10\,000\ \text{cm}^2 = 7400\ \text{cm}^2$.

Exercice 4
c) 0,21 cm²

$21\ \text{mm}^2 = 21 \times 0{,}01\ \text{cm}^2 = 0{,}21\ \text{cm}^2$.

Exercice 5
a) $\frac{1}{4}$ h

$15\ \text{min} = \frac{15}{60}\ \text{h} = \frac{1}{4}\ \text{h}$.

Exercice 6
c) $\frac{19}{6}$ h

$3\ \text{h}\ 10\ \text{min} = \left(3 + \frac{10}{60}\right)\text{h} = \frac{190}{60}\ \text{h} = \frac{19}{6}\ \text{h}$.

Exercice 7
a) 0,2 075 h

$12\ \text{min}\ 27\ \text{s} = \left(\frac{12}{60} + \frac{27}{3\,600}\right)\text{h} = 0{,}2075\ \text{h}$.

Exercice 8
b) 25 m/s

$90\ \text{km/h} = 90 \times \frac{1\,000\ \text{m}}{3\,600\ \text{s}} = 25\ \text{m/s}$.

Exercice 9

c) 54 km/h

$15 \text{ m/s} = 15 \times \dfrac{0{,}001 \text{ km}}{\dfrac{1}{3\,600} \text{ h}} = 15 \times 0{,}001 \times 3\,600 \text{ km/h} = 54 \text{ km/h}.$

Exercice 10

b) 2 700 km/h

Convertissons les vitesses en km/h :

$500 \text{ m/s} = 500 \times \dfrac{0{,}001 \text{ km}}{\dfrac{1}{3\,600} \text{ h}} = 1800 \text{ km/h}$

$40\,000 \text{ m/min} = 40\,000 \times \dfrac{0{,}001 \text{ km}}{\dfrac{1}{60} \text{ h}} = 2\,400 \text{ km/h}$

2 700 km/h est donc la plus grande vitesse.

Exercice 11

a) $7{,}42 \text{ h} = 7 \text{ h} + \dfrac{42}{100} \text{ h} = 7 \text{ h} + \dfrac{42}{100} \times 60 \text{ min} = 7 \text{ h} + 25{,}2 \text{ min} = 7 \text{ h} + 25 \text{ min} + 0{,}2 \times 60 \text{ s}$
$= 7 \text{ h } 25 \text{ min } 12 \text{ s}$

b) $288{,}35 \text{ min} = \dfrac{288}{60} \text{ h} + 0{,}35 \times 60 \text{ s} = 4{,}8 \text{ h} + 21 \text{ s} = 4 \text{ h} + 0{,}8 \times 60 \text{ min} + 21 \text{ s}$
$= 4 \text{ h } 48 \text{ min } 21 \text{ s}$

c) $8\,033 \text{ s} = 2 \text{ h} + 833 \text{ s} = 2 \text{ h} + (13 \times 60 + 53) \text{ s} = 2 \text{ h } 13 \text{ min } 53 \text{ s}$

Exercice 12

$6 \text{ h } 47 \text{ min } 27 \text{ s} + 3 \text{ h } 19 \text{ min } 48 \text{ s} = 9 \text{ h} + 66 \text{ min} + 75 \text{ s} = 9 \text{ h} + (60 + 6)\text{min} + (60 + 15) \text{ s}$
$= 10 \text{ h } 7 \text{ min } 15 \text{ s}$

Exercice 13

a) $126 \text{ km/h} = 126 \times \dfrac{1\,000 \text{ m}}{3\,600 \text{ s}} = 35 \text{ m/s}$

b) $330 \text{ m/s} = 330 \dfrac{0{,}001 \text{ km}}{\dfrac{1}{3\,600} \text{ h}} = 330 \times 3\,600 \times 0{,}001 \text{ km/h} = 330 \times 3{,}6 \text{ km/h} = 1\,188 \text{ km/h}$

Exercice 14

a) $0{,}028 \text{ m}^2 = 280 \text{ cm}^2$

b) $3{,}56 \text{ ha} = 35\,600 \text{ m}^2$

c) $0{,}126 \text{ L} = 126\,000 \text{ mm}^3$

d) 1 287 dg = 0,128 7 kg

Exercice 15

Sa longueur est égale à $\dfrac{129}{7} \approx 18{,}428\,571\,43$ m

a) 18,4 au dm près

b) 18,43 au cm près

c) 18,429 au mm près

Exercice 16

RAPPEL

On rappelle que la notation scientifique d'un nombre est de la forme $a \times 10^n$ avec $1 \leq a < 10$ et n est un entier relatif.

a) 299 792 458 m/s = $2{,}99792458 \times 10^8$ m/s
b) $167{,}262192 \times 10^{-29}$ kg = $1{,}67262192 \times 10^{-27}$
c) $9\,806{,}65 \times 10^{-3}$ m/s^2 = 9,80665 m/s^2
d) $964{,}8456 \times 10^2$ C = $9{,}648456 \times 10^4$ C

Exercice 17

c) $\dfrac{1}{50\,000}$

$$\text{Échelle} = \frac{5 \text{ cm}}{2{,}5 \text{ km}} = \frac{5 \text{ cm}}{250\,000 \text{ cm}} = \frac{1}{50\,000}$$

Exercice 18

$$\text{Aire(ABC)} = \frac{AB \times AC}{2} = \frac{8{,}2 \text{ cm} \times 3 \text{ cm}}{2} = 12{,}3 \text{ cm}^2$$

Exercice 19

$$\text{Aire(ABCD)} = \frac{AB + DC}{2} \times AD = \frac{(8+3) \text{ cm}}{2} \times 6 \text{ cm} = 33 \text{ cm}^2$$

Exercice 20

Le volume d'un cône de révolution est égal à $\dfrac{1}{3} \times \pi \times r^2 \times h$, r étant le rayon et h la hauteur.

On a $r = \dfrac{6}{2} = 3$ cm.

On a donc $\dfrac{1}{3} \times \pi \times 3^2 \times h = 75{,}4$ cm^3

$h = \dfrac{75{,}4 \times 3}{3^2 \times \pi} = \dfrac{75{,}4}{3 \times \pi}$, d'où $h \approx 8$ cm

Réponse : $h \approx 8$ cm

Exercice 21

Le volume d'une bille de rayon r est égal à $\dfrac{4}{3}\pi \times r^3$ et la masse d'un solide est égale à son volume multiplié par sa masse volumique.
Un diamètre de 5 cm correspond à un rayon de 2,5 cm ou 0,25 dm.
Soit M la masse de la bille, V son volume et ρ sa masse volumique, on a donc $M = \rho \times V$.

$V = \dfrac{4}{3} \times \pi \times 0{,}25^3 \text{ dm}^3 = \dfrac{0{,}0625 \times \pi}{3} \text{ dm}^3$

Donc $M = 7{,}8 \dfrac{\text{kg}}{\text{dm}^3} \times \dfrac{0{,}0625 \times \pi}{3} \text{ dm}^3$, $M = \dfrac{7{,}8 \times 0{,}0625 \times \pi}{3}$ kg, d'où $M \approx 0{,}510\,51$ kg

Réponse : $M \approx 510{,}51$ g.

Exercice 22

Soit M la masse de l'objet, ρ sa masse volumique et V son volume.
On a donc $M = 210$ g et $\rho = 3$ g/cm^3.

Comme $\rho = \dfrac{M}{V}$ alors $V = \dfrac{M}{\rho}$.

Le volume de l'objet est donc égal à : $V = \dfrac{210 \text{ g}}{3 \text{ g/cm}^3} = \dfrac{210}{3} \times \dfrac{g}{\text{g/cm}^3} = 70 \text{ g} \times \dfrac{\text{cm}^3}{g} = 70 \text{ cm}^3$.

Comme la masse volumique de l'eau est de 1 g/cm^3 et que le volume de l'eau ayant débordé est de 70 cm^3 alors sa masse est de : 70 cm^3 × 1 g/cm^3 = 70 g.
Donc la masse du vase augmente de 210 g – 70 g, soit 140 g.
Réponse : 140 g.

☑ NIVEAU 2

Exercice 23

a) $AB^2 + BC^2 = 6^2 + 8^2 = 36 + 64 = 100$
$AC^2 = 10^2 = 100$
Comme $AB^2 + BC^2 = AC^2$ alors d'après la réciproque du théorème de Pythagore le triangle ABC est rectangle en B.

b) Comme SA est une hauteur alors (SA) est perpendiculaire à (AB).
Appliquons le théorème de Pythagore au triangle SAB rectangle en A.
On a donc $BS^2 = SA^2 + AB^2 = 8^2 + 6^2 = 64 + 36 = 100$, d'où $BS = \sqrt{100} = 10$ cm.

c) $V(\text{SABC}) = \dfrac{1}{3}\text{Aire(ABC)} \times \text{SA} = \dfrac{1}{3} \times \left(\dfrac{1}{2} \times \text{AB} \times \text{BC}\right) \times \text{SA}$

$V(\text{SABC}) = \dfrac{1}{6} \times 6 \text{ cm} \times 8 \text{ cm} \times 8 \text{ cm} = 64 \text{ cm}^3$

Réponse : $V(\text{SABC}) = 64$ cm^3.

d) La pyramide SIJK est une réduction de la pyramide SABC de coefficient $\dfrac{1}{2}$.

En effet, toutes les longueurs de la pyramide SABC ont été multipliées par $\dfrac{1}{2}$ pour obtenir les longueurs de la pyramide SIJK.
Le volume de la pyramide SIJK est donc égal au volume de la pyramide SABC multiplié par $\left(\dfrac{1}{2}\right)^3$, soit $\dfrac{1}{8}$.

On donc $V(\text{SIJK}) = \dfrac{1}{8}V(\text{SABC}) = \dfrac{1}{8} \times 64 \text{ cm}^3$, d'où $V(\text{SIJK}) = 8$ cm^3.

Réponse : $V(\text{SIJK}) = 8$ cm^3.

Exercice 24

a) Consommation moyenne sur l'ensemble du parcours.
Méthode 1
La consommation moyenne sur l'ensemble du parcours est la moyenne arithmétique des deux consommations aller et retour :

soit $\dfrac{10 + 8}{2} = 9$, donc 9 litres de carburant aux 100 km.

Méthode 2
La consommation à l'aller sur 1 000 km est de 100 litres $\left(\frac{10 \times 1\,000}{100}\right)$.

La consommation au retour sur 1 000 km est de 80 litres $\left(\frac{8 \times 1\,000}{100}\right)$.

Sur l'ensemble du parcours, soit 2 000 km, la consommation est donc de 180 litres, d'où une consommation moyenne de $\frac{180 \times 100}{2\,000}$, soit 9 litres.

b) Soit t_1 la durée du parcours aller et t_2 la durée du parcours retour.

On a $t_1 = \frac{1\,000 \text{ km}}{120 \text{ km/h}} = \frac{25}{3}$ h et $t_2 = \frac{1\,000 \text{ km}}{60 \text{ km/h}} = \frac{50}{3}$ h.

La durée totale t du parcours aller-retour est :

$t = t_1 + t_2 = \frac{25}{3} \text{ h} + \frac{50}{3} \text{ h} = \frac{75}{3} \text{ h} = 25 \text{ h}$.

Comme la distance parcourue est de 1 000 km + 1 000 km, soit 2 000 km, on en déduit alors la vitesse moyenne V : $V = \frac{2\,000 \text{ km}}{25 \text{ h}} = 80$ km/h.

RAPPEL

La vitesse moyenne n'est pas égale à la moyenne arithmétique des deux vitesses.

Exercice 25
Soit N le nombre de caisses à ranger et T l'heure à laquelle le magasinier a commencé son travail.

$\frac{N}{50}$ est la durée en heure mise pour ranger les caisses si la vitesse de rangement est de 50 caisses par heure.

On a alors $T + \frac{N}{50} = 11 \text{ h } 30 \text{ min}$ (1).

$\frac{N}{60}$ est la durée en heure mise pour ranger les caisses si la vitesse de rangement est de 60 caisses par heure.

On a alors $T + \frac{N}{60} = 11 \text{ h } 15 \text{ min}$ (2).

Retranchons membre à membre les égalités (1) et (2).

On a alors $T + \frac{N}{50} - \left(T + \frac{N}{60}\right) = 11 \text{ h } 30 \text{ min} - 11 \text{ h } 15 \text{ min}$

$\frac{N}{50} - \frac{N}{60} = 15 \text{ min} = \frac{15}{60} \text{ h} = \frac{1}{4} \text{ h}$

$\frac{6N - 5N}{300} \text{ h} = \frac{1}{4} \text{ h}$

$\frac{N}{300}\text{ h} = \frac{1}{4}\text{ h}$

D'où $N = \frac{300}{4}$, soit $N = 75$ caisses.

Durée pour ranger 75 caisses à la vitesse de 50 caisses par heure : $\frac{75}{50}\text{ h} = \frac{3}{2}\text{ h} = 1\text{ h }30\text{ min}$.

Réponse : Le magasinier a donc commencé son travail à 11 h 30 min – 1 h 30 min, soit à 10 h.

Exercice 26

Soit V le volume en litres du bassin, D_1 et D_2 le débit en litres par heure de la première et la seconde fontaine respectivement.

On a $9D_1 = V$ et $7D_2 = V$, soit $D_1 = \frac{V}{9}$ et $D_2 = \frac{V}{7}$.

D'après la seconde indication, on peut écrire : $4D_1 + 3D_2 = 550$ (1)

En remplaçant D_1 et D_2 par leur valeur dans l'égalité (1), il vient : $4 \times \frac{V}{9} + 3 \times \frac{V}{7} = 550$.
Il suffit de résoudre cette équation pour en déduire la valeur de V.

Après une réduction au même dénominateur il vient : $\frac{4 \times 7 \times V}{63} + \frac{3 \times 9 \times V}{63} = \frac{550 \times 63}{63}$ (2)

En multipliant les deux membres de l'égalité (2) par 63, on obtient : $28 \times V + 27 \times V = 34\,650$,

$55V = 34\,650$ équivalent à $V = \frac{34\,650}{55}$, d'où $V = 630$ litres.

Réponse : La capacité du bassin est donc de 630 litres.

Exercice 27

On a $d = v \times t$, où d est la distance parcourue, t la durée et v la vitesse moyenne.

On a donc $v = \frac{d}{t}$.

a) La durée du trajet est égale à 9 h 40 min – 8 h 10 min, soit 1 h 30 min.
On a donc $t = 1{,}5$ h.
La distance parcourue est de 27 km, soit $d = 27$ km.

La vitesse moyenne v du vététiste est donc égale à $\frac{27}{1{,}5}$ km/h, soit $v = 18$ km/h.
Réponse : $v = 18$ km/h.

b) En prenant la piste en terre le vététiste constate qu'il a mis 1 h 45 min pour effectuer ce trajet de 28 km.
On a donc $d = 28$ km et $t = 1{,}75$ h.

Sa vitesse moyenne v est donc égale à $\frac{28}{1{,}75}$ km/h, soit $v = 16$ km/h.

Sa vitesse moyenne a donc diminué de $\frac{16 - 18}{18} \times 100$, soit $-11{,}11$ %.

Le signe moins indique une diminution.
Réponse : Sa vitesse moyenne a donc diminué de 11,11 %.

☑ NIVEAU 3

Exercice 28

a) Le volume d'eau tombé sur la toiture de la grange est égal au volume du pavé droit dont la base est le rectangle de 4 m sur 6,2 m et de hauteur 31,7 mm.

Son volume en dm^3 est égal à $40 \times 62 \times 0{,}317$ dm^3, soit 786,16 dm^3.
Comme 1 dm^3 = 1 L alors ce volume est environ 790 L.
b) Le volume d'eau récupéré dans la cuve est égal à $790 \times 0{,}9$, soit 711 L.
c) Le volume V de la cuve est égal au volume du cylindre plus le volume de deux demi-boules.
On a donc $V = \pi R^2 h + \frac{4}{3}\pi R^3$, avec $R = 6{,}2$ dm et $h = 16{,}6$ dm.
$V = \pi \times 6{,}2^2 \times 16{,}6 + \frac{4}{3}\pi \times 6{,}2^3$, soit 3 003 L au litre près.
Le quart du volume de la citerne est égal à $\frac{3\,003}{4}$, soit 751 L au litre près.
Comme le volume d'eau récupéré est 711 L alors il est vrai que, ce jour-là un peu moins d'un quart de la citerne a été remplie. (711 < 751).
Réponse : vrai.

Exercice 29
a) Le volume du silo à farine est égal à la somme des volumes du cône et du cylindre.
$V_{silo} = V_{cône} + V_{cylindre}$
$V_{silo} = \frac{1}{3}\pi \times AB^2 \times AS + \pi \times AB^2 \times DA$
$V_{silo} = \frac{1}{3}\pi \times 1{,}3^2 \times 1{,}6 + \pi \times 1{,}3^2 \times 2{,}4$
d'où $V_{silo} = 15{,}57$ m^3
b) Le volume de farine d'orge est donc égal à $\frac{6}{7} \times 15{,}57$, soit 13,346 m^3
Or 13,346 m^3 = 13 346 dm^3, soit 13 346 L
Comme une vache mange 3 L de farine par jour alors 48 vaches mangeront pendant 90 jours.
$3 \times 48 \times 90$ litres de farine, soit 12 960 L.
On en conclut que l'éleveur aura assez de farine pour nourrir son bétail de 48 vaches durant 90 jours.
c) Calculons les rapports, $\frac{HM}{HN}$ et $\frac{HB}{HC}$
On a HM = SM − SH = SM − AB = 2,1 − 1,3, soit HM = 0,8 m.
On a HN = SN − SH = SN − AB = 3,3 − 1,3, soit HN = 2 m.
Il vient $\frac{HM}{HN} = \frac{0{,}8}{2} = 0{,}4$
On a HB = AS, soit HB = 1,6 m.
On a HC = DA + AS = 2,4 + 1,6, soit HC = 4 m.
Il vient $\frac{HB}{HC} = \frac{1{,}6}{4} = 0{,}4$.
Comme les points H, M, N d'une part et les points H, B, C d'autre part sont alignés dans cet ordre et que $\frac{HM}{HN} = \frac{HB}{HC} = 0{,}4$, alors d'après la réciproque du théorème de Thalès les droites (BM) et (CN) sont parallèles.
Donc les deux échelles représentées par les segments [BM] et [CN] sont parallèles.

PARTIE 4

CALCUL ALGÉBRIQUE. ÉQUATIONS ET INÉQUATIONS

EXERCICES

☐ NIVEAU 1

Exercice 1

Développez puis réduisez les expressions suivantes :

$A = (3x - 2)(5x + 1) =$ .... $B = 7(x + 3) + (x + 2)(x - 4) =$ ....

$C = \left(\frac{3}{5}x - 2\right)\left(\frac{5}{7}x - 1\right) =$ ....

Exercice 2

Développez les expressions suivantes en utilisant les identités remarquables :

$(2x - 11)^2 =$ .... $(3 + 2x)^2 =$ .... $(2a + 3b)^2 =$ ....

$(9x - 3a)^2 =$ .... $(3x - 7)(3x + 7) =$ .... $(6a - x)(6a + x) =$ ....

$\left(\frac{2}{3}x + 1\right)^2 =$ .... $\left(3 - \frac{3}{2}x\right)^2 =$ .... $\left(\frac{2}{5}x + \frac{3}{2}\right)\left(\frac{2}{5}x - \frac{3}{2}\right) =$ ....

$(3x - y + 2)^2 =$ ....

Exercice 3
Développez et réduisez les expressions suivantes :

$A = 3(4x - 1)^2 - 2(3x + 1)^2 - (7x - 2)(7x + 2) =$ ....

$B = (5x - 2)^2 - (-2x + 3)^2 =$ ....

$C = (2x - 3)(2x + 3) - (x - 5)(x + 5) =$ ....

Exercice 4
Calculez mentalement les nombres donnés :

$A = 301^2 =$ .... $B = 398^2 =$ .... $C = 99 \times 101 =$ ....

Exercice 5
Factorisez les expressions suivantes :

$A = 7x^3 + 14x^2 + 7x =$ .... $B = x(3y - 4) + 4(3y - 4) =$ ....

$C = 2x + 1 + 5x(2x + 1) - 3y(2x + 1) =$ ....

$D = 7(2 - x)(13 - 4x) - (13 - 4x)^2 + 2(5 - 2x)(13 - 4x) =$ ....

Exercice 6
Factorisez les expressions suivantes en utilisant une identité remarquable :

$A = 9x^2 + 54x + 81 =$ .... $B = x^2 - 12x + 36 =$ ....

$C = \frac{1}{4}x^2 + x + 1 =$ .... $D = -28x + 4x^2 + 49 =$ ....

$E = 25x^2 - 16 =$ .... $F = (x + 1)^2 - 9 =$ ....

$G = 121x^2 - 49a^2b^2 =$ .... $H = (x - 5)^2 - (5x + 7)^2 =$ ....

Exercice 7
Quel nombre entier faut-il ajouter au numérateur et au dénominateur de la fraction $\frac{4}{7}$ pour obtenir une fraction égale à $\frac{4}{5}$?

....

Exercice 8
Karen veut acheter des CD qui coûtent tous le même prix. Elle calcule que si elle en achète 4, il lui restera 15 €, mais qu'il lui manquera 5 € pour en acheter 5. Quel est le prix d'un CD ?

....

....

Exercice 9
Après une augmentation de 8 % un article coûte 22,40 €. Quel était son prix initial ?

....

Exercice 10

Après une diminution de 15 % un article coûte 19,04 €. Quel était son prix initial ?

....

Exercice 11

Un terrain initialement carré a vu l'une de ses dimensions augmenter de 4 m et l'autre diminuer de 2 m. Résultat : son aire a augmenté de 78 m^2.
Quel était la dimension du côté de ce carré ?

....

....

Exercice 12

Le prix d'une sortie au théâtre était fixé à 27 € par personne. Comme 4 personnes étaient absentes alors chaque personne présente a dû payer un supplément de 2 €. Combien y avait-il d'inscrits initialement ?

....

....

Exercice 13

Résolvez les inéquations suivantes :

a) $3(5x + 2) \geq 5(2x + 1) - 2$ = ...

b) $(2x - 5)^2 < (5 - x)(3 - 4x)$ = ...

c) $\dfrac{x - 3}{3} + 2x - 5 \geq 1 - x$ = ...

☐ NIVEAU 2

Exercice 14

ABCD est un rectangle et EFG est un triangle équilatéral. *x* désigne un nombre strictement supérieur à 5.

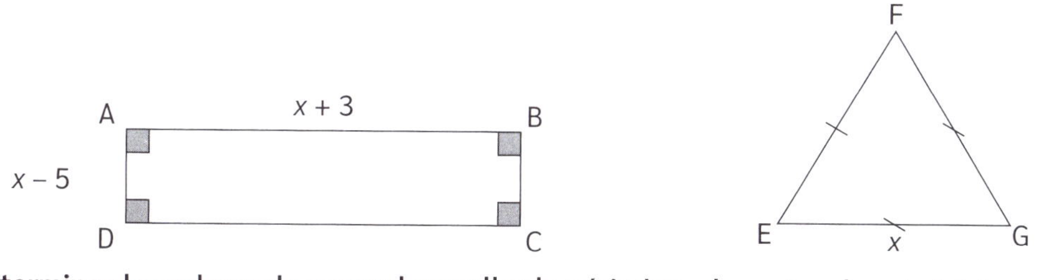

Déterminez les valeurs de *x* pour lesquelles le périmètre du rectangle est strictement supérieur aux deux tiers de celui du triangle.

....

....

....

Exercice 15

Un cinéma propose deux formules. Formule A : 9 € par film. Formule B : un abonnement annuel de 55 € puis 4 € par film. À partir de combien de films la formule B est-elle plus avantageuse que la formule A ?

....

....

....

Exercice 16

a) **Résolvez le système suivant :** $\begin{cases} 8x + 3y = 39{,}5 \\ 7x + 9y = 50{,}5 \end{cases}$

b) **Une balade d'une heure est proposée à deux groupes de touristes.**
Le premier groupe, composé de 16 adultes et 6 enfants, paie 79 €.
Le second, composé de 14 adultes et 18 enfants, paie 101 €.
Quel est le prix pour un adulte ? pour un enfant ?

Exercice 17

Résolvez les équations suivantes :

a) $-2(1 - 3x) + 5 = 3 - (x + 2)$ ....

b) $\dfrac{x - 5}{7} = -3$ ....

c) $(2x - 3)^2 - 3 = 4(x - 1)(x + 1) + 7$ ....

Exercice 18

Après avoir factorisé le premier membre s'il ne l'est pas, résolvez les équations suivantes :

a) $-2x(x - 5) = 0$ ....

b) $(1 - 2x)(x - 3) = 0$ ....

c) $4x^2 - 16 = 0$ ....

d) $(x - 7)^2 - 9 = 0$ ....

e) $9x^2 - 4x = 2x - 1$ ....

Exercice 19

On considère trois entiers naturels consécutifs rangés dans l'ordre croissant. La somme des carrés des deux premiers entiers est égale au carré du troisième.
Quels sont ces trois nombres ?

....

Exercice 20

Trouvez trois nombres entiers consécutifs tel que la différence entre le carré du plus grand et le produit des deux autres soit égale à 520.

Exercice 21

Dans une famille de 10 enfants, chaque garçon a deux fois plus de sœurs que de frères. Combien chaque fille a-t-elle de sœurs ?

☐ NIVEAU 3

Exercice 22

a) **Soit ABC un triangle rectangle en A tel que AC = 3,5 cm et BC = 12,5 cm. Calculez la longueur AB.**

b) **a et b étant deux nombres entiers, résolvez le système suivant :**

$$\begin{cases} a + b = 36 \\ a - b = 4 \end{cases}$$

Calculez $a^2 - b^2$ puis $\sqrt{a^2 - b^2}$.

Déduisez des réponses obtenues les dimensions d'un triangle ABC, rectangle en A, tel que AB = 12 cm et tel que AC et BC s'expriment à l'aide de nombres entiers.

c) **1. Donnez toutes les décompositions possibles de 144 sous la forme d'un produit de deux entiers naturels.**

2. Déduisez-en quatre couples d'entiers naturels non nuls, solutions de l'équation $a^2 - b^2 = 144$.

CORRIGÉS

☑ NIVEAU 1

Exercice 1

$A = (3x - 2)(5x + 1) = 15x^2 + 3x - 10x - 2 = 15x^2 - 7x - 2$

$B = 7(x + 3) + (x + 2)(x - 4) = 7x + 21 + x^2 - 4x + 2x - 8 = x^2 + 5x + 13$

$C = \left(\frac{3}{5}x - 2\right)\left(\frac{5}{7}x - 1\right) = \frac{3}{5} \times \frac{5}{7}x^2 - \frac{3}{5}x - \frac{10}{7}x + 2 = \frac{3}{7}x^2 - \frac{21}{35}x - \frac{50}{35}x + 2 = \frac{3}{7}x^2 - \frac{71}{35}x + 2$

Exercice 2

$(2x - 11)^2 = (2x)^2 - 2 \times (2x) \times 11 + 11^2 = 4x^2 - 44x + 121$

$(3 + 2x)^2 = 3^2 + 2 \times 3 \times (2x) + (2x)^2 = 4x^2 + 12x + 9$

$(2a + 3b)^2 = (2a)^2 + 2 \times (2a) \times (3b) + (3b)^2 = 4a^2 + 12ab + 9b^2$

$(9x - 3a)^2 = (9x)^2 - 2 \times (9x) \times (3a) + (3a)^2 = 81x^2 - 54ax + 9a^2$

$(3x - 7)(3x + 7) = (3x)^2 - 7^2 = 9x^2 - 49$

$(6a - x)(6a + x) = (6a)^2 - x^2 = 36a^2 - x^2$

$\left(\frac{2}{3}x + 1\right)^2 = \left(\frac{2}{3}x\right)^2 + 2 \times \frac{2}{3}x \times 1 + 1^2 = \frac{4}{9}x^2 + \frac{4}{3}x + 1$

$\left(3 - \frac{3}{2}x\right)^2 = 3^2 - 2 \times 3 \times \frac{3}{2}x + \left(\frac{3}{2}x\right)^2 = \frac{9}{4}x^2 - 9x + 9$

$\left(\frac{2}{5}x + \frac{3}{2}\right)\left(\frac{2}{5}x - \frac{3}{2}\right) = \left(\frac{2}{5}x\right)^2 - \left(\frac{3}{2}\right)^2 = \frac{4}{25}x^2 - \frac{9}{4}$

$(3x - y + 2)^2 = (3x - y)^2 + 2 \times (3x - y) \times 2 + 2^2 = 9x^2 - 6xy + y^2 + 12x - 4y + 4$

Exercice 3

$A = 3(4x - 1)^2 - 2(3x + 1)^2 - (7x - 2)(7x + 2) = 3(16x^2 - 8x + 1) - 2(9x^2 + 6x + 1) - (49x^2 - 4)$

$= 3(4x - 1)^2 - 2(3x + 1)^2 - (7x - 2)(7x + 2) = 48x^2 - 24x + 3 - 18x^2 - 12x - 2 - 49x^2 + 4$

$= -19x^2 - 36x + 5$

$B = (5x - 2)^2 - (-2x + 3)^2 = 25x^2 - 20x + 4 - ((-2x)^2 - 2 \times 2x \times 3 + 3^2)$

$= 25x^2 - 20x + 4 - (4x^2 - 12x + 9) = (5x - 2)^2 - (-2x + 3)^2 = 25x^2 - 20x + 4 - 4x^2 + 12x - 9$

$= 21x^2 - 8x - 5$

$C = (2x - 3)(2x + 3) - (x - 5)(x + 5) = 4x^2 - 9 - (x^2 - 25) = 4x^2 - 9 - x^2 + 25 = 3x^2 + 16$

Exercice 4

$A = 301^2 = (300 + 1)^2 = 300^2 + 2 \times 300 \times 1 + 1 = 90\,000 + 600 + 1 = 90\,601$

$B = 398^2 = (400 - 2)^2 = 400^2 - 2 \times 400 \times 2 + 2^2 = 160\,000 - 1\,600 + 4 = 158\,404$

$C = 99 \times 101 = (100 - 1)(100 + 1) = 100^2 - 1^2 = 10\,000 - 1 = 9\,999$

Exercice 5

$A = 7x^3 + 14x^2 + 7x = 7x(x^2 + 2x + 1) = 7x(x + 1)^2$

$B = x(3y - 4) + 4(3y - 4) = (3y - 4)(x + 4)$

$C = 2x + 1 + 5x(2x + 1) - 3y(2x + 1) = (2x + 1)(1 + 5x - 3y)$

$D = 7(2 - x)(13 - 4x) - (13 - 4x)^2 + 2(5 - 2x)(13 - 4x)$

$= (13 - 4x)(7(2 - x) - (13 - 4x) + 2(5 - 2x))$

$= (13 - 4x)(14 - 7x - 13 + 4x + 10 - 4x)$

$= (13 - 4x)(-7x + 11)$

Exercice 6

$A = 9x^2 + 54x + 81 = (3x + 9)^2$

$B = x^2 - 12x + 36 = (x - 6)^2$

$C = \frac{1}{4}x^2 + x + 1 = \left(\frac{1}{2}x + 1\right)^2$

$D = -28x + 4x^2 + 49 = (2x - 7)^2$

$E = 25x^2 - 16 = (5x - 4)(5x + 4)$

$F = (x + 1)^2 - 9 = (x + 1 - 3)(x + 1 + 3) = (x - 2)(x + 4)$

$G = 121x^2 - 49a^2b^2 = (11x - 7ab)(11x + 7ab)$

$H = (x - 5)^2 - (5x + 7)^2 = ((x - 5) - (5x + 7))((x - 5) + (5x + 7))$

$= (x - 5 - 5x - 7)(x - 5 + 5x + 7)$

$= (-4x - 12)(6x + 2) = -4(x + 3) \times 2(3x + 1) = -8(x + 3)(3x + 1)$

Exercice 7

Soit x ce nombre.

On a donc $\frac{4 + x}{7 + x} = \frac{4}{5}$

En effectuant un produit en croix on obtient une égalité équivalente, soit $5(4 + x) = 4(7 + x)$
Après développement, $20 + 5x = 28 + 4x$ d'où $5x - 4x = 28 - 20$

D'où $x = 8$.

Réponse : $x = 8$

Vérification : $\frac{4 + 8}{7 + 8} = \frac{12}{15} = \frac{4}{5}$

Exercice 8

Soit x le prix d'un CD.

On a donc $4x + 15 = 5x - 5$ ce qui équivaut à $5x - 4x = 15 + 5$, soit $x = 20$.

Réponse : On en déduit qu'un CD coûte 20 €.

Exercice 9

À une augmentation de 8 % on associe un coefficient multiplicateur égal à $1 + \frac{8}{100}$, soit 1,08.

Soit x le prix initial. On a donc $1{,}08x = 22{,}40$, soit $x = \frac{22{,}40}{1{,}08}$, d'où $x = 20{,}74$.

Réponse : Le prix initial est donc de 20,74 €.

Exercice 10

À une diminution de 15 % on associe un coefficient multiplicateur égal à $1 - \frac{15}{100}$, soit 0,85.

Soit x le prix initial. On a donc $0{,}85x = 19{,}04$, soit $x = \frac{19{,}04}{0{,}85}$, d'où $x = 22{,}40$.

Réponse : Le prix initial est donc de 22,40 €.

Exercice 11

Soit x la longueur du côté de ce carré. Son aire est alors égale à x^2.

On a donc $(x + 4)(x - 2) = x^2 + 78$

Après développement et réduction on obtient : $x^2 + 2x - 8 = x^2 + 78$

On a donc $2x = 78 + 8$, $2x = 86$, $x = \frac{86}{2}$, d'où $x = 43$

Réponse : La dimension du côté de ce carré est donc égale à 43 m.

Exercice 12

Soit x le nombre d'inscrits. Le prix à payer est donc $27x$.

4 personnes étaient absentes et chaque personne présente a dû payer un supplément de 2 € donc la somme à payer est $(27 + 2)(x - 4)$.

On en déduit que $29(x - 4) = 27x$, car le prix total de la sortie reste inchangé.

On a donc $29x - 116 = 27x$ soit $29x - 27x = 116$ donc $2x = 116$ et $x = \frac{116}{2}$, d'où $x = 58$.

Réponse : Il y avait donc 58 inscrits.

Exercice 13

a) $3(5x + 2) \geq 5(2x + 1) - 2 \Leftrightarrow 15x + 6 \geq 10x + 5 - 2$

$3(5x + 2) \geq 5(2x + 1) - 2 \Leftrightarrow 15x - 10x \geq 5 - 6 - 2$

$3(5x + 2) \geq 5(2x + 1) - 2 \Leftrightarrow 5x \geq -3$

$3(5x + 2) \geq 5(2x + 1) - 2 \Leftrightarrow x \geq -\frac{3}{5}$

b) $(2x - 5)^2 < (5 - x)(3 - 4x) \Leftrightarrow 4x^2 - 20x + 25 < 15 - 20x - 3x + 4x^2$

$(2x - 5)^2 < (5 - x)(3 - 4x) \Leftrightarrow 3x < 15 - 25$

$(2x - 5)^2 < (5 - x)(3 - 4x) \Leftrightarrow x < -\frac{10}{3}$

c) $\dfrac{x-3}{3} + 2x - 5 \geq 1 - x \Leftrightarrow \dfrac{x-3}{3} \geq 1 - x - 2x + 5$

$\dfrac{x-3}{3} + 2x - 5 \geq 1 - x \Leftrightarrow \dfrac{x-3}{3} \geq -3x + 6$

$\dfrac{x-3}{3} + 2x - 5 \geq 1 - x \Leftrightarrow x - 3 \geq -9x + 18$

$\dfrac{x-3}{3} + 2x - 5 \geq 1 - x \Leftrightarrow x + 9x \geq 18 + 3$

$\dfrac{x-3}{3} + 2x - 5 \geq 1 - x \Leftrightarrow 10x \geq 21$

$\dfrac{x-3}{3} + 2x - 5 \geq 1 - x \Leftrightarrow x \geq \dfrac{21}{10}$

☑ NIVEAU 2

Exercice 14

On a $x > 5$

Traduisons la condition par une inéquation : $2(x + 3 + x - 5) > \dfrac{2}{3} \times (3x)$

On a donc $2(2x - 2) > 2x$. Après avoir divisé les deux membres de l'inégalité par 2 il vient : $2x - 2 > x$ soit $x > 2$.

On a donc $x > 5$ et $x > 2$.

Réponse : Il faut donc que x soit strictement supérieur à 5 ($x > 5$).

Exercice 15

Soit x le nombre de films.

Le prix de la formule A est égal à $9x$, celui de la formule B est égal à $4x + 55$.

« La formule B est plus avantageuse que la formule A » équivaut à $9x > 4x + 55$

On a donc $9x - 4x > 55$ d'où $5x > 55$ soit $x > 11$.

Réponse : La formule B est donc plus avantageuse que la formule A à partir de 12 films.

Exercice 16

a) $\begin{cases} 8x + 3y = 39{,}5 \\ 7x + 9y = 50{,}5 \end{cases}$ Utilisons la méthode de combinaison linéaire.

Multiplions l'égalité (1) par -3 pour éliminer y par addition membre à membre des égalités obtenues.

On a donc $\begin{cases} 8x + 3y = 39{,}5 & (1) \\ 7x + 9y = 50{,}5 & (2) \end{cases} \Leftrightarrow \begin{cases} -24x - 9y = -118{,}5 & (1) \\ 7x + 9y = 50{,}5 & (2) \end{cases}$

En effectuant (1) + (2) il vient : $-24x + 7x = -118{,}5 + 50{,}5$ d'où $-17x = -68$, $x = \dfrac{-68}{-17}$,
D'où $x = 4$

Remplaçons x par sa valeur dans (1) : $8x + 3y = 39{,}5$

On a donc $8 \times 4 + 3y = 39{,}5$ soit $3y = 39{,}5 - 32$ et $3y = 7{,}5$ d'où $y = \dfrac{7{,}5}{3} = 2{,}5$.

Réponse : On a donc $(x\ ;\ y) = (4\ ;\ 2{,}5)$.

b) Soit x le prix pour un adulte et y le prix pour un enfant.
Traduisons le problème à l'aide d'un système d'équations.
« Le groupe de 16 adultes et 6 enfants paie 79 € » équivaut à $16x + 6y = 79$.
En divisant les deux membres de cette égalité par 2 on obtient une égalité équivalente : $8x + 3y = 39{,}50$
« Le groupe de 14 adultes et 18 enfants paie 101 € » équivaut à $14x + 18y = 101$.
En divisant les deux membres de cette égalité par 2 on obtient une égalité équivalente : $7x + 9y = 50{,}50$.
La solution du problème posé est donc la solution du système $\begin{cases} 8x + 3y = 39{,}5 \\ 7x + 9y = 50{,}5 \end{cases}$, résolu à la question 1.
Réponse : Le prix pour un adulte est donc de 4 € et celui pour un enfant de 2,50 €.

Exercice 17

a) $-2(1 - 3x) + 5 = 3 - (x + 2)$

$-2 + 6x + 5 = 3 - x - 2$

$6x + 3 = 1 - x$

$6x + x = 1 - 3$

$7x = -2$

d'où $x = -\dfrac{2}{7}$

b) $\dfrac{x - 5}{7} = -3$

$x - 5 = -21$

$x = -21 + 5$

d'où $x = -16$

c) $(2x - 3)^2 - 3 = 4(x - 1)(x + 1) + 7$

$4x^2 - 12x + 9 - 3 = 4(x^2 - 1) + 7$

$4x^2 - 12x + 6 = 4x^2 - 4 + 7$

$-12x + 6 = 3$

$-12x = 3 - 6$

$-12x = -3$

$x = \dfrac{-3}{-12}$

d'où $x = \dfrac{1}{4}$

Exercice 18

a) $-2x(x - 5) = 0 \Leftrightarrow -2x = 0$ ou $x - 5 = 0$

$-2x(x - 5) = 0 \Leftrightarrow x = 0$ ou $x = 5$

b) $(1 - 2x)(x - 3) = 0 \Leftrightarrow 1 - 2x = 0$ ou $x - 3 = 0$

$(1 - 2x)(x - 3) = 0 \Leftrightarrow x = \dfrac{1}{2}$ ou $x = 3$

c) $4x^2 - 16 = 0 \Leftrightarrow (2x - 4)(2x + 4) = 0$

$4x^2 - 16 = 0 \Leftrightarrow 2x - 4 = 0$ ou $2x + 4 = 0$

$4x^2 - 16 = 0 \Leftrightarrow x = 2$ ou $x = -2$

d) $(x - 7)^2 - 9 = 0 \Leftrightarrow (x - 7 - 3)(x - 7 + 3) = 0$

$(x - 7)^2 - 9 = 0 \Leftrightarrow (x - 10)(x - 4) = 0$

$(x - 7)^2 - 9 = 0 \Leftrightarrow x - 10 = 0$ ou $x - 4 = 0$

$(x - 7)^2 - 9 = 0 \Leftrightarrow x = 10$ ou $x = 4$

e) $9x^2 - 4x = 2x - 1 \Leftrightarrow 9x^2 - 4x - 2x + 1 = 0$

$9x^2 - 4x = 2x - 1 \Leftrightarrow 9x^2 - 6x + 1 = 0$

$9x^2 - 4x = 2x - 1 \Leftrightarrow (3x - 1)^2 = 0$

$9x^2 - 4x = 2x - 1 \Leftrightarrow 3x - 1 = 0$

$9x^2 - 4x = 2x - 1 \Leftrightarrow x = \frac{1}{3}$

Exercice 19

Soient $n - 1$; n et $n + 1$ trois entiers consécutifs rangés dans l'ordre croissant.
On a donc $(n - 1)^2 + n^2 = (n + 1)^2$
Après développement il vient $n^2 - 2n + 1 + n^2 = n^2 + 2n + 1$
On a donc $n^2 - 4n = 0$ soit $n(n - 4) = 0 \Leftrightarrow n = 0$ ou $n = 4$
$n = 0$ ne peut être une solution car $n - 1$ ne serait pas un entier naturel.
Le premier nombre $n - 1$ est donc égal à 3 pour $n = 4$
Réponse : Ces trois nombres sont donc 3 ; 4 ; 5.
Vérification : $3^2 + 4^2 = 9 + 16 = 25$ est bien égal à $5^2 = 25$.

Exercice 20

Soient $n - 1$; n et $n + 1$ trois entiers consécutifs rangés dans l'ordre croissant.
La différence entre le carré du plus grand et le produit des deux autres équivaut à $(n + 1)^2 - (n - 1) \times n$
On a donc $(n + 1)^2 - (n - 1) \times n = 520$
Après développement il vient : $n^2 + 2n + 1 - n^2 + n = 520$, $3n + 1 = 520$, $3n = 519$, $n = \frac{519}{3}$, d'où $n = 173$
Réponse : Les nombres sont donc 172, 173 et 174.

Exercice 21

Soit x le nombre de filles et y le nombre de garçons.
On a donc $x + y = 10$.
Chaque garçon a $y - 1$ frères et x sœurs
« Chaque garçon a deux fois plus de sœurs que de frères » équivaut à $x = 2 \times (y - 1)$.

On en déduit le système suivant $\begin{cases} x + y = 10 & (1) \\ x = 2 \times (y - 1) & (2) \end{cases}$

Appliquons la méthode de substitution en remplaçant x par sa valeur dans (1).

On a donc $2 \times (y - 1) + y = 10$, soit $2y - 2 + y = 10$, $3y = 12$, $y = \frac{12}{3}$, d'où $y = 4$

On en déduit $x = 6$.
Donc cette famille compte 4 garçons et 6 filles.
Réponse : On en déduit que chaque fille a 5 sœurs.

☑ NIVEAU 3

Exercice 22

a) En appliquant le théorème de Pythagore au triangle ABC, rectangle en A, on a $BC^2 = AB^2 + AC^2$ et donc $AB^2 = BC^2 - AC^2$.

On en déduit que $AB = \sqrt{BC^2 - AC^2} = \sqrt{12{,}5^2 - 3{,}5^2} = \sqrt{144} = 12$ cm.

RAPPEL

Théorème de Pythagore : le carré de la longueur de l'hypoténuse (plus grand côté) d'un triangle rectangle est égale à la somme des carrés des longueurs des deux autres côtés.

b) En additionnant les deux égalités membres à membre, on obtient le système équivalent suivant :

$$\begin{cases} a + b = 36 \\ a - b = 4 \end{cases}$$

On en déduit que :

$$\begin{cases} a = 20 \\ b = 16 \end{cases}$$

c) $a^2 - b^2 = 20^2 - 16^2 = 144$.

$\sqrt{a^2 - b^2} = \sqrt{144} = 12$.

d) Si l'on pose a = BC et b = AC avec AB = 12 cm et que l'on applique le théorème de Pythagore, on a : $AB^2 + b^2 = a^2$ soit $a^2 - b^2 = 12^2 = 144$.

D'après ce qui précède, on peut déduire que BC et AC peuvent s'exprimer à l'aide de nombres entiers.

Réponse : AB = 12 cm, BC = 20 cm et AC = 16 cm.

e) $144 = 1 \times 144$; $144 = 2 \times 72$; $144 = 3 \times 48$; $144 = 4 \times 36$;
$144 = 6 \times 24$; $144 = 8 \times 18$; $144 = 9 \times 16$; $144 = 12 \times 12$.

f) Pour déterminer quatre couples d'entiers naturels non nuls, solutions de l'équation $a^2 - b^2 = 144$ (soit $(a + b)(a - b) = 144$), il suffit de retenir parmi les systèmes d'équations obtenus à partir de la décomposition de 144 ceux qui admettent pour solutions des couples d'entiers naturels.

$$\begin{cases} a + b = 144 \\ a - b = 1 \end{cases} \Leftrightarrow \begin{cases} a + b = 144 \\ 2a = 145 \end{cases} \Leftrightarrow \begin{cases} a = \dfrac{145}{2} \\ b = \dfrac{143}{2} \end{cases}$$

$\left(\dfrac{145}{2} ; \dfrac{143}{2}\right)$ n'est pas un couple d'entiers naturels.

$$\begin{cases} a+b=72 \\ a-b=2 \end{cases} \Leftrightarrow \begin{cases} a+b=72 \\ 2a=74 \end{cases} \Leftrightarrow \begin{cases} a=37 \\ b=35 \end{cases}$$

Le couple (37 ; 35) est une solution.

$$\begin{cases} a+b=48 \\ a-b=3 \end{cases} \Leftrightarrow \begin{cases} a+b=48 \\ 2a=51 \end{cases} \Leftrightarrow \begin{cases} a=\dfrac{51}{2} \\ b=\dfrac{45}{2} \end{cases}$$

$\left(\dfrac{51}{2} ; \dfrac{45}{2}\right)$ n'est pas un couple d'entiers naturels.

$$\begin{cases} a+b=36 \\ a-b=4 \end{cases} \Leftrightarrow \begin{cases} a+b=36 \\ 2a=40 \end{cases} \Leftrightarrow \begin{cases} a=20 \\ b=16 \end{cases}$$

Le couple (20 ; 16) est une solution.

$$\begin{cases} a+b=24 \\ a-b=6 \end{cases} \Leftrightarrow \begin{cases} a+b=24 \\ 2a=30 \end{cases} \Leftrightarrow \begin{cases} a=15 \\ b=9 \end{cases}$$

Le couple (15 ; 9) est une solution.

$$\begin{cases} a+b=18 \\ a-b=8 \end{cases} \Leftrightarrow \begin{cases} a+b=18 \\ 2a=26 \end{cases} \Leftrightarrow \begin{cases} a=13 \\ b=5 \end{cases}$$

Le couple (13 ; 5) est une solution.

$$\begin{cases} a+b=16 \\ a-b=9 \end{cases} \Leftrightarrow \begin{cases} a+b=16 \\ 2a=25 \end{cases} \Leftrightarrow \begin{cases} a=\dfrac{25}{2} \\ b=\dfrac{7}{2} \end{cases}$$

$\left(\dfrac{25}{2} ; \dfrac{7}{2}\right)$ n'est pas un couple d'entiers naturels.

$$\begin{cases} a+b=12 \\ a-b=12 \end{cases} \Leftrightarrow \begin{cases} a+b=12 \\ 2a=24 \end{cases} \Leftrightarrow \begin{cases} a=12 \\ b=0 \end{cases}$$

Le couple (12 ; 0) n'est pas une solution, les entiers du couple devaient être non nuls.

PARTIE 5

FONCTIONS NUMÉRIQUES

EXERCICES

Pensez à vous munir d'une feuille blanche pour la résolution de certains exercices.

☐ NIVEAU 1

Exercice 1

Voici les tarifs chez différents loueurs de voitures pour une journée :
LOUEUR n° 1 : 0,8 € par km parcouru
LOUEUR n° 2 : 60 € par jour et 0,3 € par km parcouru
LOUEUR n° 3 : Forfait de 120 € par jour. Le kilométrage est illimité.
Soit x la distance parcourue en km.

a) Définissez une fonction f qui à tout x associe le prix à payer avec le LOUEUR n°1 par jour. Quelle est la nature de f ?

....

b) Définissez une fonction g qui à tout x associe le prix à payer avec le LOUEUR n°2 par jour. Quelle est la nature de g ?

....

c) Définissez une fonction h qui à tout x associe le prix à payer avec le LOUEUR n°3 par jour. Quelle est la nature de h ?

....

Exercice 2

Un rectangle a une largeur de 15 cm. Soit la fonction p qui à toute longueur x associe son périmètre.
Donnez une expression de p en fonction de x.

....

Exercice 3

Par une fonction f, on a $f : 7 \mapsto 16$.
Complétez :

a) .... est l'image de .... par f.

b) .... est l'antécédent de .... par f.

c) .... a pour image .... par f.

d) .... a pour antécédent .... par f.

Exercice 4

La fonction f est définie sur l'intervalle [0 ; 5]. On a le tableau de valeurs de f suivant :

x	0	1	2	3	4	5
$f(x)$	7	4	3	4	7	12

a) Quelle est l'image de 3 par f ?

....

b) Quel est l'antécédent de 3 ?

....

c) Quels sont les nombres qui ont au moins deux antécédents ?

....

Exercice 5

La courbe ci-dessous est-elle la représentation graphique d'une fonction ?

....

....

....

....

....

....

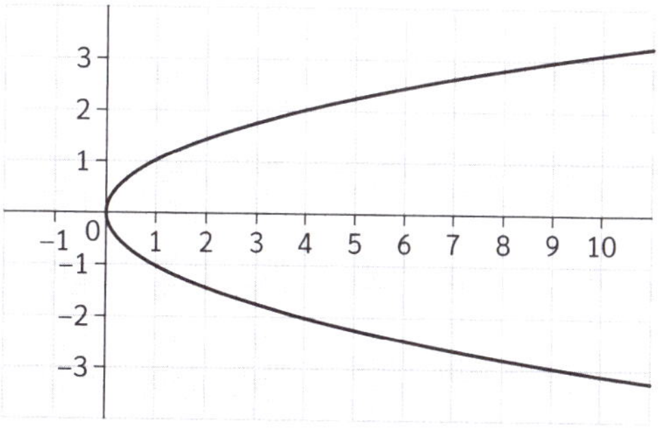

☐ NIVEAU 2

Exercice 6

Une fonction affine f vérifie :
$f(2) = 4$ et $f(8) = 7$

Définissez cette fonction.

....

....

Exercice 7

On considère une fonction f définie sur l'intervalle [0 ; 6] par :

$$f(x) = 8x - \frac{4}{3}x^2$$

et on donne sa représentation graphique ci-contre.

L'affirmation suivante est-elle exacte ? 4 a pour antécédent un nombre compris entre 10 et 11. Entourez la bonne réponse.

vrai   faux

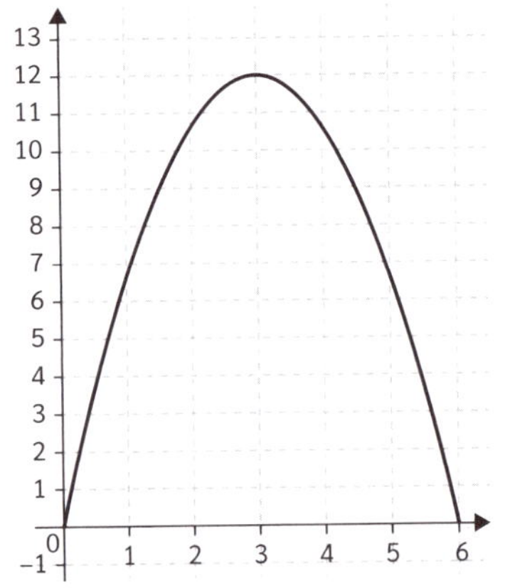

Exercice 8

a) Une séance coûte 7,50 euros. Complétez le tableau.

Nombre de séances	0	1		
Prix en euros			30	75

b) On propose aux étudiants une carte d'abonnement de 20 € qui permet de payer chaque séance 5 euros. Complétez le tableau :

Nombre de séances	0	1		
Prix en euros avec la carte			40	65

On note :

- x le nombre de séances,
- $P(x)$ le prix payé pour x séances au tarif normal,
- $A(x)$ le prix payé pour x séances au tarif abonné.

c) Exprimez $P(x)$ en fonction de x.

....

d) Exprimez $A(x)$ en fonction de x.

....

e) Représentez graphiquement la fonction P et la fonction A. (Représentation graphique à réaliser sur une feuille.)

f) Résolvez l'équation : $7,5x = 20 + 5x$

....

....

g) Déduisez-en le nombre de séances au-delà duquel il est intéressant de prendre une carte d'abonnement. Expliquez comment on retrouve ce résultat par le calcul.

...

...

...

Exercice 9

a) Quelle est la formule du volume d'un cône de révolution ?

...

...

b) Les courbes ci-dessous représentent le volume d'un cône en fonction de son rayon (la hauteur étant fixée) et le volume d'un cône en fonction de sa hauteur (le rayon étant fixé).

Identifiez la **courbe 1** et la **courbe 2**.

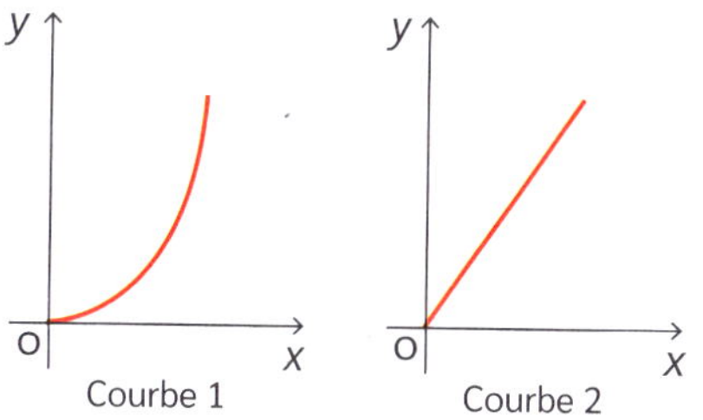

Courbe 1 Courbe 2

...

...

...

...

...

Exercice 10

L'entreprise AMPOUL travaille avec deux sociétés de livraison, qui lui proposent des tarifs adaptés à ses besoins.

Société	Tarif par palette (€)	Frais de gestion (€)
Société A	12	284
Société B	29	115

On définit les fonctions f et g par les expressions algébriques suivantes :

- $f(x) = 12x + 284$
- $g(x) = 29x + 115$

Ainsi, si x désigne un nombre de palettes alors $f(x)$ et $g(x)$ désignent respectivement le prix à payer pour la livraison de ces x palettes par les sociétés A et B.

On a tracé les courbes correspondant à *f* et *g* dans le repère ci-dessous.

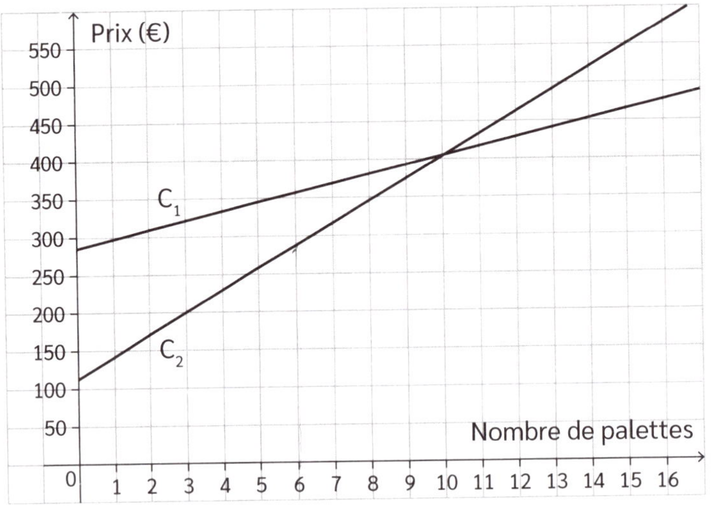

a) Répondez, en vous aidant du graphique, aux questions suivantes :

1. Identifiez la courbe qui correspond à chaque fonction.

....

2. Quelle société de livraison sera la plus économique pour une commande de 6 palettes ?

....

....

3. Pour une commande donnée, quelle société de livraison sera la plus économique en fonction du nombre de palettes ?

....

....

b) Résolvez l'équation $f(x) = g(x)$. Utilisez cette résolution pour affiner la réponse à la question.

....

....

Exercice 11

Soit la fonction *f* définie par $f(x) = 2x^2 - 4x + 5$.

a) Déterminez les images de 1 ; $\frac{1}{2}$; $\frac{2}{5}$.

....

....

....

b) Déterminez les antécédents de 3 ; 5.

....

....

Exercice 12

Soit la fonction f définie par $f(x) = x^2 - 10x + 32$.

a) Montrez que, pour tout réel x, $f(x) = (x - 5)^2 + 7$.

....

....

b) Déduisez-en l'existence d'un minimum que l'on précisera.

....

....

Exercice 13

Soit la fonction f définie par $g(x) = -3x^2 + 6x + 2$.

a) Montrez que, pour tout réel x, $g(x) = -3(x - 1)^2 + 5$.

....

....

....

....

b) Déduisez-en l'existence d'un maximum que l'on précisera.

....

....

....

....

Exercice 14

Le toit de la maison de madame Martin a la forme d'un trapèze rectangle ABCD représenté ci-dessous pour lequel on connaît les dimensions suivantes :

AB = 8 m

AD = 7 m

CB = 3 m

Le point E est le point de [AD] tel que ABCE soit un rectangle.

Le support dédié aux panneaux photovoltaïques correspond au rectangle AMNP où P est un point situé sur [DE] et N est l'intersection de la droite perpendiculaire à (AD) passant par P avec (CD).

On souhaite déterminer la position du point P sur [DE] pour que l'aire du support AMNP soit la plus grande possible.

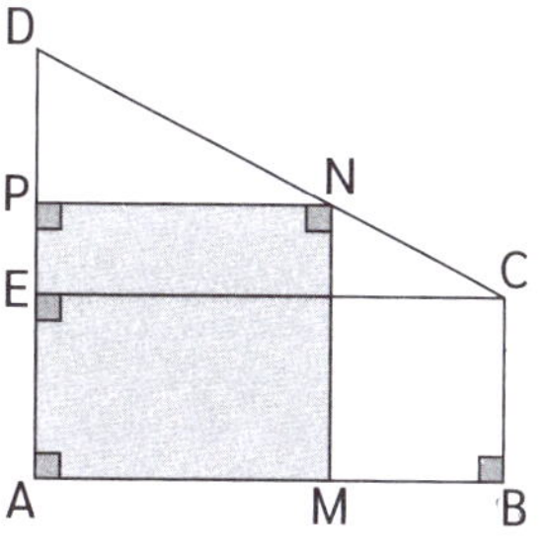

Vue de dessus du toit
(la figure n'est pas à l'échelle)

On note x la longueur du segment [DP] exprimé en mètre et $A(x)$ l'aire du rectangle AMNP exprimée en mètre carré.

a) Expliquez pourquoi x doit être compris entre 0 et 4.

....

....

....

b) Démontrez que PN est égale à $2x$.

....

....

....

c) Montrez que, pour tout nombre x compris entre 0 et 4, on a : $A(x) = 14x - 2x^2$.

....

....

....

d) Calculez l'aire du support, en mètre carré, si l'on choisit $x = 2$.

....

....

....

e) Le graphique ci-contre représente l'aire du support, en mètre carré, en fonction de la longueur x en mètre.

Répondez par lecture graphique aux questions suivantes :

1. Quelle est l'aire, en mètre carré, du support si la longueur x est égale à 3 m ?

....

....

....

2. Pour quelle(s) valeurs(s) de la longueur x, l'aire du support est-elle égale à 12 m ?

....

....

....

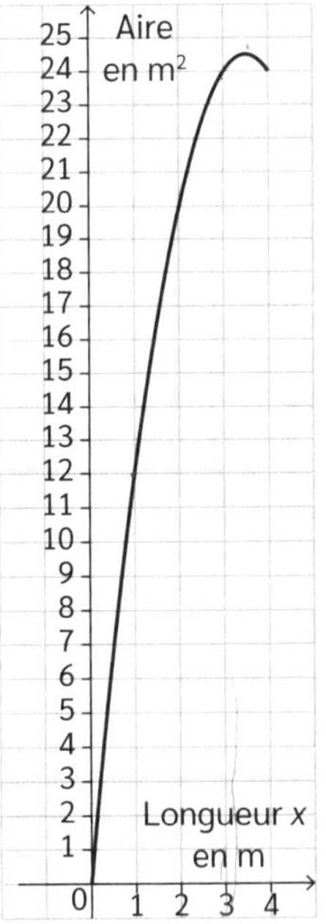

3. Pour quelle valeur de la longueur x, l'aire du support est-elle maximale ?

☐ NIVEAU 3

Exercice 15

Une enseignante a le projet d'installer un potager rectangulaire ADEF sur une parcelle de forme triangulaire ABC dans l'enceinte de l'école.
Les points A, B, C, D et F sont tels que :

- **AB = 24, AC = 10 m et BC = 26 m ;**
- **D ∈ [AB], E ∈ [BC] et F ∈ [AC].**

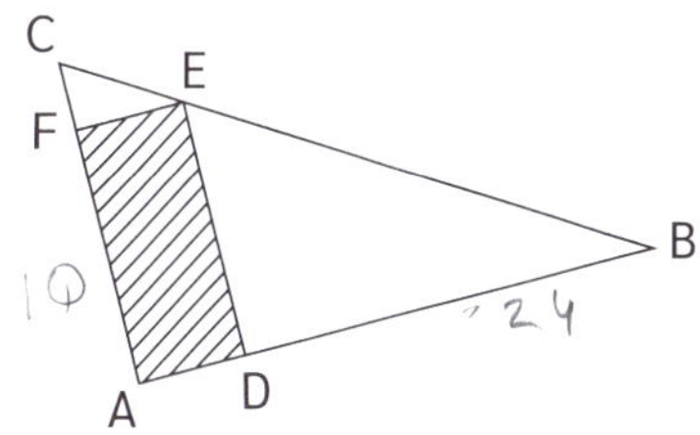

La figure ci-dessus n'est pas à l'échelle

a) Montrez que le triangle ABC est rectangle en A.

b) On souhaite déterminer où positionner le point D sur [AB] pour que l'aire du rectangle hachuré ADEF soit la plus grande possible.
On considère que AD = 4,8 m.
1. Montrez que la longueur DE est égale à 8 m.

2. Déduisez-en l'aire du rectangle ADEF en m^2.

c) On note x la longueur, exprimée en mètre, du segment [AD].

1. Montrez que $DE = 10 - \dfrac{5}{12}x$.

2. Déduisez-en l'aire du rectangle ADEF en fonction de x.

....

....

d) Le graphique ci-contre représente l'aire, exprimée en mètre carré, du rectangle ADEF en fonction de la longueur x en mètre.

À l'aide du graphique, répondez aux questions suivantes :

1. Quelle est l'aire du potager si la longueur AD vaut 5 m ?

....

....

....

....

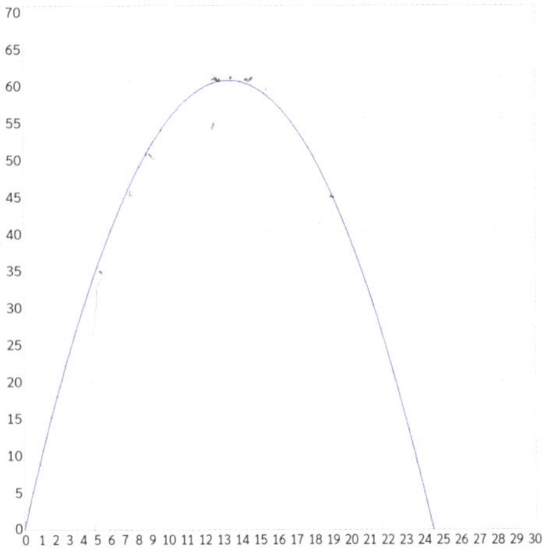

2. Pour quelle(s) valeur(s) de la longueur AD l'aire du potager est-elle égale à 45 m^2 ?

....

....

3. Pour quelle(s) valeur(s) de la longueur AD l'aire du potager est-elle supérieure ou égale à 50 m^2 ?

....

....

4. Quelle est l'aire maximale du potager ? Donnez la longueur et la largeur du rectangle ADEF correspondant.

....

....

Exercice 16

Les parties A et B sont indépendantes. Toutes les mesures de longueurs, d'aires et de volumes sont exprimées respectivement en cm, cm^2, et cm^3.

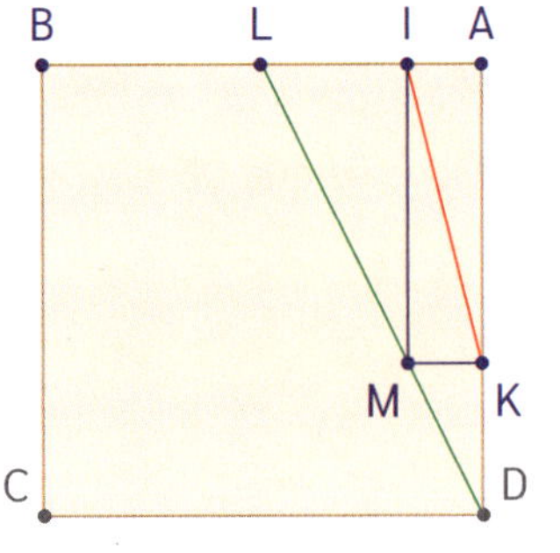

Partie A

Soit x un nombre réel positif vérifiant : $0 \leq x \leq 3$.
On considère un carré ABCD dont le côté mesure 8 cm.
Soit I le point du côté [AB] tel que AI = x.
Soit L le milieu du segment [BA].

M est le point du segment [LD] qui admet le point I comme projection orthogonale sur le segment [BA] et le point K comme projection orthogonale sur le segment [AD], comme le montre le schéma ci-avant.
On se propose d'étudier l'aire du triangle AKI.

a) Démontrez que AK = $8 - 2x$.

....

....

....

b) Déduisez-en l'aire $A(x)$ du triangle AKI en fonction de x et démontrer que : $A(x) = 4 - (x - 2)^2$.

....

....

....

c) Quelle est la plus grande valeur de cette aire ? Justifiez la réponse.

....

....

....

d) Calculez les aires $A(0)$ et $A(3)$ du triangle AKI associées aux valeurs extrêmes correspondant à $x = 0$ et $x = 3$.
L'énoncé suivant est-il vrai ou faux : « Si $0 \leq x \leq 3$, alors $A(0) \leq$ Aire AKI $\leq A(3)$ » ?

....

....

Partie B

On considère le cube ABCDEFGH de 8 cm d'arête. Les points I, J et K désignent respectivement un point de chacune des arêtes [BA], [AD] et [AF].
On découpe le cube ABCDEFGH selon le plan IJK puis on détache le tétraèdre AIJK du cube.
On se propose d'étudier le volume du tétraèdre AIJK.
On pose AI = AJ = AK = x avec $0 \leq x \leq 4$.

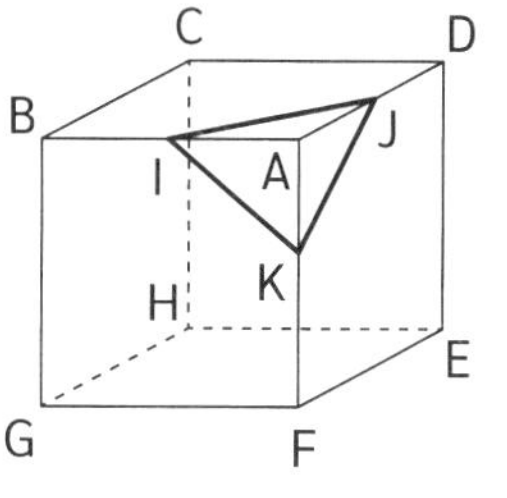

a) Calculez le volume $V(x)$ du tétraèdre AIJK en fonction de x. Vous préciserez la base et la hauteur correspondante de ce tétraèdre permettant d'appliquer la formule ci-dessous.
On rappelle que le volume d'une pyramide ayant pour aire de base B et pour hauteur h est : $\frac{1}{3}B \times h$.

....

....

....

....

b) Sachant que x est compris entre 0 et 4, donnez la plus grande valeur que peut prendre $V(x)$.

....

....

....

....

Exercice 17

Une cuve est formée de deux cubes superposés qui communiquent entre eux. L'arête du cube supérieur (le grand cube) mesure 90 centimètres. L'arête du cube inférieur (le petit cube) mesure 50 centimètres.
Cette cuve contient un liquide. On note x la hauteur de liquide dans la cuve. On note $V(x)$ le volume en litres du liquide dans la cuve lorsque la hauteur de liquide dans la cuve est x (x étant exprimé en cm).

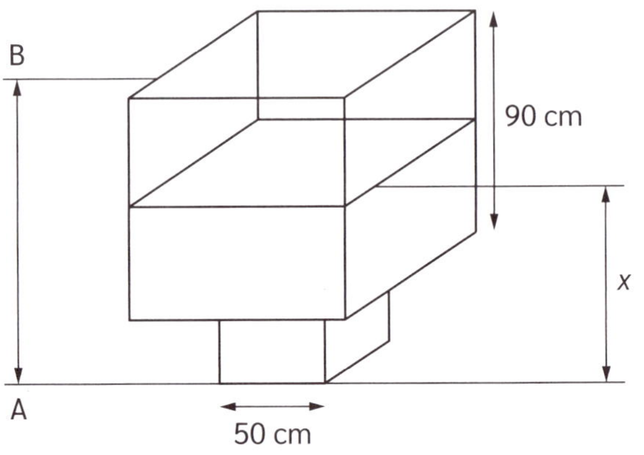

a) Calculez :

$V(30)$ = ...

$V(51)$ = ...

$V(90)$ = ...

b) Exprimez $V(x)$ en fonction de x.

....

....

....

....

c) Construisez dans un repère une représentation graphique de la fonction qui à x associe $V(x)$. (Représentation graphique à réaliser sur une feuille à part)

....

....

CORRIGÉS

NIVEAU 1

Exercice 1

a) La fonction f est définie par $f(x) = 0{,}8x$. f est une fonction linéaire.
b) La fonction g est définie par $g(x) = 0{,}3x + 60$. g est une fonction affine.
c) La fonction h est définie par $h(x) = 120$. h est une fonction constante.

Exercice 2

La fonction p est définie par $p(x) = 2 \times (x + 15)$.

Exercice 3

a) 16 est l'image de 7 par f.
b) 7 est l'antécédent de 16 par f.
c) 7 a pour image 16 par f.
d) 16 a pour antécédent 7 par f.

Exercice 4

a) L'image de 3 par f est 4, soit $f(3) = 4$
b) L'antécédent de 3 est 2, soit $f(2) = 3$
c) 4 et 7 ont au moins deux antécédents, 1 et 3 pour 4 et 0 et 4 pour 7. $f(1) = f(3) = 4$ et $f(0) = f(4) = 7$

Exercice 5

Cette courbe n'est pas la représentation graphique d'une fonction car tous les éléments de l'intervalle [0 ; 11] ont chacun deux images. En effet, on lit sur le graphique que 9 admet –3 et 3 comme images.

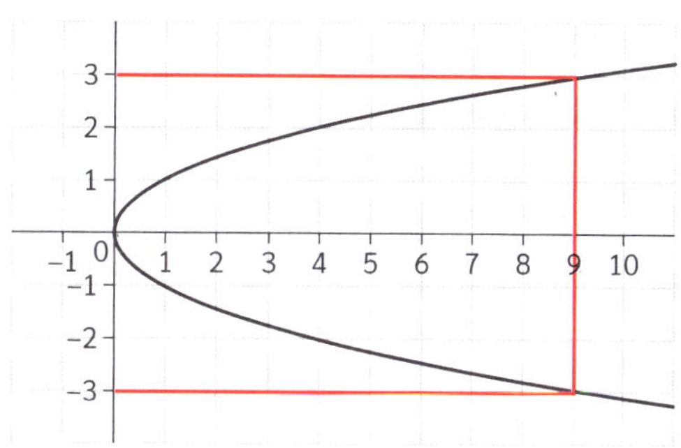

NIVEAU 2

Exercice 6

f est une fonction affine donc définie par $f(x) = ax + b$
$f(2) = 4$ équivaut à $2a + b = 4$
$f(8) = 7$ équivaut à $8a + b = 7$
On en déduit le système suivant : $\begin{cases} 2a + b = 4 & (1) \\ 8a + b = 7 & (2) \end{cases}$

En effectuant égalité (2) – égalité (1) on obtient $8a - 2a = 7 - 4$, $6a = 3$, $a = \frac{3}{6}$, d'où $a = \frac{1}{2}$.

En remplaçant a par sa valeur dans l'égalité (1) il vient $2 \times \frac{1}{2} + b = 4$, $1 + b = 4$, d'où $b = 3$.

Réponse : Donc f est définie par $f(x) = \frac{1}{2}x + 3$

Exercice 7

Réponse : faux.

4 a pour image un nombre compris entre 10 et 11.

4 a deux antécédents un nombre compris entre 0 et 1 et un nombre entre 5 et 6.

Exercice 8

a)

Nombre de séances	0	1	$30 \div 7{,}50 = 4$	$75 \div 7{,}5 = 10$
Prix en euros	$0 \times 7{,}50 = 0$	$1 \times 7{,}50 = 7{,}50$	30	75

b)

Nombre de séances	0	1	$(40 - 20) \div 5 = 4$	$(65 - 20) \div 5 = 9$
Prix en euros avec la carte	$0 \times 5 + 20 = 20$	$1 \times 5 + 20 = 25$	40	65

c) x étant le nombre de séances, le prix payé pour x séances au tarif normal est donc $P(x) = 7{,}5x$.

d) Le prix payé pour x séances au tarif abonné est donc $A(x) = 5x + 20$.

e) La représentation graphique de la fonction P est la droite (P) passant par l'origine du repère et par le point de coordonnées (4 ; 30).

La représentation graphique de la fonction A est la droite (A) passant par les points de coordonnées (0 ; 20) et (4 ;40).

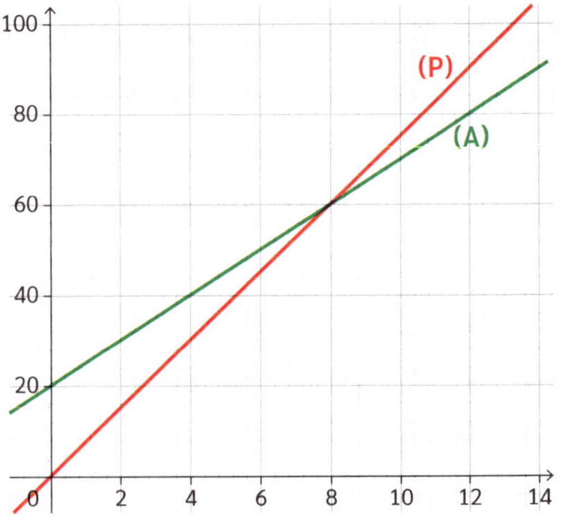

f) $7{,}5x = 20 + 5x$ équivaut à $7{,}5x - 5x = 20$ ou $2{,}5x = 20$

On a donc $x = \frac{20}{2{,}5}$, soit $x = 8$

g) Il est donc intéressant de prendre une carte d'abonnement au-delà de 8 séances.

L'abscisse du point d'intersection des deux droites (P) et (A) est 8.

Pour 8 séances les deux tarifs proposés sont identiques.

Au-delà de 8 séances la droite (A) est située en dessous de la droite (P) ce qui indique que le tarif avec la carte d'abonnement est plus avantageux que le tarif normal.

Exercice 9

a) Le volume d'un cône de révolution de rayon r et de hauteur h est égal à $\frac{1}{3}\pi \times r^2 \times h$.

b) La courbe 1 représente le volume d'un cône en fonction de son rayon, la hauteur étant fixée.

La courbe 2 est une droite passant par l'origine du repère.
Elle représente donc une fonction linéaire dont le coefficient est $a = \frac{1}{3}\pi r^2$ car r est fixé.
Le volume en fonction de h est $V(h) = a \times h$.

Exercice 10

a) Les fonctions f et g sont des fonctions affines définies par :
$f(x) = 12x + 284$ et $g(x) = 29x + 115$.
Le prix à payer pour la livraison de x palettes par la société A est $f(x)$, le prix est $g(x)$ pour la société B.

1. La courbe C_1 dont l'ordonnée à l'origine est comprise entre 250 et 300 représente la fonction f.

La courbe C_2 dont l'ordonnée à l'origine est comprise entre 100 et 150 représente la fonction g.

2. Pour une commande de 6 palettes la société B sera plus économique.

En effet, l'ordonnée du point de la courbe C_2 d'abscisse 6 est inférieure à l'ordonnée du point de la courbe C_1 de même abscisse.

3. La société B sera plus économique pour un nombre de palettes commandé compris entre 0 et 9.

La société A sera plus économique pour un nombre de palettes commandé supérieur ou égal à 10.

b) $f(x) = g(x)$ équivaut à $12x + 284 = 29x + 115$.

On a donc $284 - 115 = 29x - 12x$, soit $17x = 169$, d'où $x = \frac{169}{17} \approx 10$.

La société A est plus économique pour $x > \frac{169}{17}$ alors que la société B est plus économique pour $x < \frac{169}{17}$.

Exercice 11

La fonction f est définie par $f(x) = 2x^2 - 4x + 5$.

a) Les images de 1 ; $\frac{1}{2}$; $\frac{2}{5}$ par f sont respectivement $f(1)$, $f\left(\frac{1}{2}\right)$, $f\left(\frac{2}{5}\right)$.

On a donc $f(1) = 2 \times 1^2 - 4 \times 1 + 5 = 2 - 4 + 5 = 3$,

$$f\left(\frac{1}{2}\right) = 2 \times \left(\frac{1}{2}\right)^2 - 4 \times \frac{1}{2} + 5 = 2 \times \frac{1}{4} - 2 + 5 = \frac{1}{2} + 3 = \frac{1}{2} + \frac{6}{2} = \frac{7}{2},$$

$$f\left(\frac{2}{5}\right) = 2 \times \left(\frac{2}{5}\right)^2 - 4 \times \frac{2}{5} + 5 = \frac{8}{25} - \frac{8}{5} + 5 = \frac{8}{25} - \frac{40}{25} + \frac{125}{25} = \frac{93}{40}$$

b) Les antécédents de 3 ; 5 sont les solutions respectives des équations $f(x) = 3$ et $f(x) = 5$

$f(x) = 3 \Leftrightarrow 2x^2 - 4x + 5 = 3$

$f(x) = 3 \Leftrightarrow 2x^2 - 4x + 2 = 0$

$f(x) = 3 \Leftrightarrow 2(x^2 - 2x + 1) = 0$

$f(x) = 3 \Leftrightarrow 2(x - 1)^2 = 0$

$f(x) = 3 \Leftrightarrow x = 1$

L'antécédent de 3 est donc 1.

$f(x) = 3 \Leftrightarrow 2x^2 - 4x + 5 = 5$

$f(x) = 3 \Leftrightarrow 2x^2 - 4x = 0$

$f(x) = 3 \Leftrightarrow 2x(x - 2) = 0$

$f(x) = 3 \Leftrightarrow x = 0$ ou $x = 2$

Les antécédents de 5 sont donc 0 et 2.

Exercice 12

a) Pour montrer que $f(x) = x^2 - 10x + 32$ est égal à $f(x) = (x - 5)^2 + 7$, il suffit de développer la seconde expression.
On a donc $f(x) = (x - 5)^2 + 7 = x^2 - 10x + 25 + 7 = x^2 - 10x + 32$. L'égalité est donc établie.
b) Comme un carré est toujours positif ou nul alors $(x - 5)^2 \geq 0$, on a donc $(x - 5)^2 + 7 \geq 7$.
Donc pour minimiser $(x - 5)^2 + 7$, il suffit de minimiser $(x - 5)^2$, c'est-à-dire annuler l'expression $x - 5$.
On en déduit que le minimum de $f(x)$ est atteint lorsque $x = 5$ et ce minimum est égal à 7.

Exercice 13

a) Pour montrer que $g(x) = -3x^2 + 6x + 2$ est égal à $g(x) = -3(x - 1)^2 + 5$, il suffit de développer la seconde expression.
On a donc $g(x) = -3(x - 1)^2 + 5 = -3(x^2 - 2x + 1) + 5 = -3x^2 + 6x - 3 + 5 = -3x^2 + 6x + 2$
b) Comme un carré est toujours positif ou nul alors $(x - 1)^2 \geq 0$ et donc $-3(x - 1)^2 \leq 0$, on a donc $-3(x - 1)^2 + 5 \leq 5$.
Donc pour maximiser $-3(x - 1)^2 + 5$, il suffit de minimiser $(x - 1)^2$, c'est-à-dire annuler $x - 1$.
Le maximum de $g(x)$ est alors atteint pour $x = 1$ et ce maximum est égal à 5.

Exercice 14

a) Comme le quadrilatère ABCE est un rectangle alors EA = CB = 3 m, on a donc DE = DA – EA, soit DE = 7 – 3, d'où DE = 4 m.
On a DP = x.
Comme le point P est situé sur le segment [DE] alors si P est en D, DP = 0 et si P est en E alors DP = 4, on en déduit que DP donc x est compris entre 0 et 4.
b) Les points D, P et E d'une part et D, N et C d'autre part sont alignés dans cet ordre.
De plus les droites (NP) et (CE) sont parallèles car elles sont perpendiculaires à une même troisième, la droite (DE). Donc d'après le théorème de Thalès $\frac{DP}{DE} = \frac{DN}{DC} = \frac{PN}{EC}$ avec DP = x, DE = 4 et EC = 8.
On a donc $\frac{PN}{8} = \frac{x}{4} \Leftrightarrow PN = \frac{8x}{4}$, d'où $PN = 2x$.
c) L'aire $A(x)$ du rectangle AMNP est égale à PN × PA, avec PN = $2x$ et PA = AD – DP, soit PA = $7 - x$.
On a donc $A(x) = 2x(7 - x)$, soit $A(x) = 14x - 2x^2$ après développement.
d) Pour $x = 2$, on a $A(2) = 14 \times 2 - 2 \times 2^2$.
L'aire du support est donc égale à 20 m².
e) 1. L'aire en mètre carré du support pour une longueur x égale à 3 m est l'ordonnée du point de la courbe d'abscisse 3, soit 24 m².
2. Il n'y a qu'un seul point de la courbe d'ordonnée 12 répondant à cette condition d'abscisse 1.
Donc la seule valeur de la longueur x pour laquelle l'aire du support est égale à 12 m² est $x = 1$.

3. L'aire est maximale pour $x = 3{,}5$ m, valeur correspondant à l'abscisse du sommet de la courbe.

☑ NIVEAU 3

Exercice 15

a) On a $AB^2 + AC^2 = 24^2 + 10^2 = 676$ et $BC^2 = 26^2 = 676$.
Comme $AB^2 + AC^2 = BC^2$ alors d'après la réciproque du théorème de Pythagore le triangle ABC est rectangle en A.
b) 1. Les droites (DE) et (AC) sont parallèles car elles sont perpendiculaires à une même troisième droite, (AB).
Le point D appartient au segment [AB], on a donc $BD = AB - AD = 24 - 4{,}8$, soit $BD = 19{,}2$ m.
Comme les points B, D, A d'une part et B, E, C d'autre part sont alignés dans cet ordre et que les droites (DE) et (AC) sont parallèles alors d'après le théorème de Thalès on a :
$\frac{BD}{BA} = \frac{BE}{BC} = \frac{DE}{AC}$
On a donc $\frac{DE}{AC} = \frac{BD}{BA} \Rightarrow DE = AC \times \frac{BD}{BA}$
Soit $DE = 10 \times \frac{19{,}2}{24}$, d'où $DE = 8$ m
2. L'aire du rectangle ADEF est égale à $AD \times DE$, soit $4{,}8 \times 8 = 38{,}4\ m^2$.
c) x est la longueur en mètre du segment [AD], soit $AD = x$.
1. On a $BD = 24 - x$.
On a établi à la question 2 que $DE = AC \times \frac{BD}{BA}$
Soit $DE = 10 \times \frac{24 - x}{24}$, $DE = \frac{240 - 10x}{24} = \frac{240}{24} - \frac{10}{24}x$, d'où $DE = 10 - \frac{5}{12}x$.
2. L'aire du rectangle ADEF est égale à $AD \times DE$, soit $x \times \left(10 - \frac{5}{12}x\right)$.
On a donc $A(x) = -\frac{5}{12}x^2 + 10x$, où $A(x)$ est l'aire du rectangle ADEF en fonction de x.
d) 1. Si la longueur AD vaut 5 m alors l'aire du potager est l'ordonnée du point de la courbe d'abscisse 5, soit environ 40 m^2.
2. Les valeurs de la longueur AD pour lesquelles l'aire du potager est égale à 45 m^2, sont les abscisses de la courbe d'ordonnée 45. On lit 6 m et 18 m.
3. Les valeurs de la longueur de AD pour lesquelles l'aire du potager est supérieure ou égale à 50 m^2 sont les abscisses des points de la courbe dont l'ordonnée est supérieure ou égale à 50.
Ce sont les valeurs comprises environ entre 7,1 m et 16,8 m.
4. L'aire maximale du potager est l'ordonnée du sommet de la courbe soit 60 m^2.
L'abscisse du sommet, longueur de AD est égale à 12 m.
On en déduit que $AD = 12$ m et $DE = \frac{60}{12} = 5$ m.

Exercice 16

Partie A

a) Comme le point K est le projeté orthogonal du point M sur le segment [AD], alors les droites (MK) et (AD) sont perpendiculaires.

Comme le quadrilatère ABCD est un carré alors les droites (LA) et (AD) sont perpendiculaires. On en déduit que les droites (MK) et (LA) sont parallèles car perpendiculaires à une même troisième droite (AD).
Comme les points D, K, A d'une part et D, M, L d'autre part sont alignés dans cet ordre et que les droites (MK) et (LA) sont parallèles alors d'après le théorème de Thalès on a : $\frac{DK}{DA} = \frac{DM}{DL} = \frac{KM}{AL}$.
Le quadrilatère AIMK est un rectangle car il possède trois angles droits :
– en A car le quadrilatère ABCD est un rectangle,
– en K car K est le projeté orthogonal de M sur [AD],
– en I car I est le projeté orthogonal de M sur [AB].
On en déduit que KM = AI = x.
Comme le point L est le milieu de [AB] alors AL $= \frac{AB}{2} = \frac{8}{2} = 4$ cm.
De plus DK = DA – AK = 8 – AK
On a donc $\frac{DK}{DA} = \frac{KM}{AL} \Leftrightarrow \frac{8 - AK}{8} = \frac{x}{4}$.
En réduisant au même dénominateur $\frac{8 - AK}{8} = \frac{2x}{8}$, 8 – AK = $2x$, d'où AK = $8 - 2x$.
b) Comme le triangle AKI est rectangle en A alors son aire $A(x)$ est égale à $\frac{AI \times AK}{2}$.
On a donc $A(x) = \frac{x \times (8 - 2x)}{2} = \frac{2x \times (4 - x)}{2}$, puis en simplifiant par 2, $A(x) = x \times (4 - x)$ ou $A(x) = 4x - x^2$.
Pour montrer que $A(x) = 4 - (x - 2)^2$, il suffit de développer cette expression et la rapprocher de l'expression $A(x) = 4x - x^2$.
On a $A(x) = 4 - (x - 2)^2 = 4 - (x^2 - 4x + 4) = 4 - x^2 + 4x - 4$, d'où $A(x) = 4x - x^2$.
c) Comme un carré est toujours positif ou nul alors $(x - 2)^2 \geq 0$ et donc $-(x - 2)^2 \leq 0$, on a donc $-(x - 2)^2 + 4 \leq 4$.
Donc pour déterminer la plus grande valeur de cette aire $A(x) = 4 - (x - 2)^2$, il suffit de minimiser $(x - 2)^2$, c'est-à-dire annuler $x - 2$.
La plus grande valeur de cette aire est donc 4 cm², elle est atteinte pour $x = 2$ cm.
d) On a $A(0) = 0$ et $A(3) = 4 \times 3 - 3^2 = 3$.
L'énoncé suivant : « Si $0 \leq x \leq 3$, alors $A(0) \leq$ aire AKI $\leq A(3)$ » est faux.
On a établi en c) que l'aire maximale est égale à 4 cm² or $A(3) = 3$.
On a donc « Si $0 \leq x \leq 3$, alors $0 \leq$ aire AKI ≤ 4 soit si $0 \leq x \leq 3$, alors $A(0) \leq$ aire AKI $\leq A(3)$ ».

Partie B
a) On a AI = AJ = AK = x avec $0 \leq x \leq 4$.
Soit $V(x)$ le volume du tétraèdre AIJK en fonction de x.
Le volume du tétraèdre AIJK est égale à $\frac{1}{3}$Aire (AKI) × AJ avec AI = AJ = AK = x.
Comme Aire(AKI) $= \frac{1}{2}$AI × AK $= \frac{1}{2}x^2$ alors $V(x) = \frac{1}{3} \times \frac{1}{2}x^2 \times x$, soit $V(x) = \frac{1}{6}x^3$.
b) Comme la fonction V est une fonction croissante sur l'intervalle [0 ; 4] on en déduit que :
$0 \leq x \leq 4 \Rightarrow V(0) \leq V(x) \leq V(4)$,
$0 \leq x \leq 4 \Rightarrow 0 \leq V(x) \leq \frac{1}{6} \times 4^3$
soit $0 \leq x \leq 4 \Rightarrow 0 \leq V(x) \leq \frac{32}{3}$

On en déduit que la plus grande valeur que peut prendre $V(x)$ pour x variant de 0 à 4 est $\frac{32}{3}$, soit un volume de $\frac{32}{3}$ cm^3.

Exercice 17

a) $V(30) = 50 \times 50 \times 30 = 75\,000$ cm^3 = 75 dm^3 = 75 L

$V(51) = 50^3 + 90 \times 90 \times (51 - 50) = 133\,100$ cm^3 = 133,1 dm^3 = 133,1 L

$V(90) = 50^3 + 90^2 \times (90 - 50) = 449\,000$ cm^3 = 449 dm^3 = 449 L

b) Comme il faut exprimer le volume en litre, il faut alors convertir les mesures en dm.
1 L = 1 dm^3 = 1 000 cm^3 d'où 1 cm^3 = 0,001 dm^3 = 0,001 L.
$V(x)$, le volume en litre du liquide dans la cuve est fonction de la hauteur x (x exprimée en cm).
Comme la cuve est formée de deux cubes, un petit et un grand, la fonction V est une fonction affine par intervalles (ou morceaux).
On a donc :
– Si $x \in [0\,;50]$: $V(x) = 50 \times 50 \times x \times 0{,}001 = 2{,}5x$;
– Si $x \in [50\,;140]$: $V(x) = (50^3 + (x - 50) \times 90^2) \times 0{,}001 = 125 + 8{,}1x - 405 = 8{,}1x - 280$
On a alors :

$$V(x) = \begin{cases} 2{,}5x & \text{si } x \in [0\,;50] \\ 8{,}1x - 280 & \text{si } x \in [50\,;140] \end{cases}$$

c) On a $V(0) = 0$; $V(50) = 125$; $V(140) = 854$.
La courbe passe par les points : O(0 ; 0) ; A(50 ; 125) ; et B(140 ; 854).

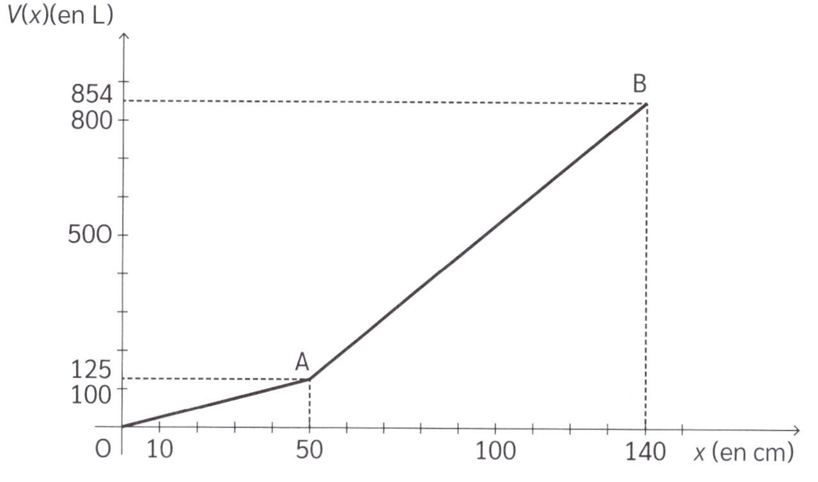

PARTIE 6

TABLEUR ET SCRATCH

EXERCICES

TABLEUR

☐ NIVEAU 1

Exercice 1

On a établi le devis suivant en affichant le prix hors taxe, le taux de TVA, le montant de la TVA, le prix TTC et total.

a) Quelles formules ont été entrées dans les cellules C2 et D2 puis étirées vers les bas ?

....

b) Quelle formule a été entrée dans la cellule D5 ?

....

	A	B	C	D
1	Prix HT	Taux de TVA	TVA	Prix TTC
2	150,00 €	20%	30,00 €	180,00 €
3	98,00 €	10,00%	9,80 €	107,80 €
4	139,00 €	5,50%	7,65 €	146,65 €
5			Total	434,45 €

Exercice 2

On a établi le devis suivant en affichant le prix hors taxe, le taux de TVA, le prix TTC et total.

a) Quelle formule a été entrée dans la cellule C2 puis étirée vers le bas ?

....

b) Quelle formule a été entrée dans la cellule C5 ?

....

	A	B	C
1	Prix HT	Taux de TVA	Prix TTC
2	150,00 €	20%	180,00 €
3	98,00 €	10,00%	107,80 €
4	139,00 €	5,50%	146,65 €
5		Total	434,45 €

Exercice 3

On a relevé les âges de 8 participants à un jeu dans la feuille de calcul suivante :

Quelle formule a été entrée dans la cellule I2 pour afficher la moyenne d'âge ?

	A	B	C	D	E	F	G	H	I
1	ÂGE	18	19	22	24	26	28	29	30
2						Âge moyen			24,5

....

Exercice 4

On a relevé dans une classe les notes suivantes en mathématiques consignées dans la feuille de calcul :

	A	B	C	D	E	F	G	H
1	Note	5	7	10	12	15	16	Total
2	Effectif	3	5	8	10	10	4	40
3	Note x effectif	15	35	80	120	150	64	464
4								
5							Moyenne	11,6

a) Quelle formule a été saisie dans la cellule H2 ?

b) Quelle formule a été saisie dans la cellule B3 et étirée vers la droite jusqu'à la cellule G3 ?

c) Quelle formule a été saisie dans la cellule H3 ?

d) Quelle formule a été saisie dans la cellule H5 afin de calculer la moyenne de la classe ?

Exercice 5

Dans la cellule C3 est stockée la formule : = A1 + B1.
Cette formule est recopiée jusqu'à F3. Quelle formule contiendra F3 ?

	A	B	C	D	E	F
1						
2						
3			A1+B1			

Exercice 6

Dans la cellule C3 est stockée la formule : = A1 + B1.
Cette formule est recopiée jusqu'à C6. Quelle formule contiendra C6 ?

	A	B	C	D	E	F
1						
2						
3			A1+B1			

Exercice 7

Dans la cellule C3 est stockée la formule : = A$1 + B1.
Cette formule est recopiée jusqu'à C4. Quelle formule contiendra C4 ?

	A	B	C	D	E	F
1						
2						
3			A$1+B1			

☐ NIVEAU 2

Exercice 8

Le directeur d'un supermarché achète à une usine des boites de biscuits au prix de 4 € la boite. Il revend ces boîtes de biscuits dans son supermarché à 12,40 € la boîte. Habituellement, il vend 4 000 boites par semaine.
Le directeur réalise une étude de marché qui montre que toute baisse du prix de 40 centimes fait augmenter la vente de 300 boites par semaine.

Pour fixer le prix de vente qui maximisera son bénéfice, le directeur utilise la feuille de calcul ci-dessous :

	A	B	C	D	E	F
1	Prix d'achat unitaire	Prix de vente unitaire	Nombre de boites vendues	Montant des achats	Montant des ventes	Bénéfice
2	4,00 €	12,40 €	4000	16 000,00 €	49 600,00 €	33 600,00 €
3	4,00 €	12,00 €	4300	17 200,00 €	51 600,00 €	34 400,00 €
4	4,00 €	11,60 €	4600	18 400,00 €	53 360,00 €	34 960,00 €
5	4,00 €	11,20 €	4900	19 600,00 €	54 880,00 €	35 280,00 €
6	4,00 €	10,80 €	5200	20 800,00 €	56 160,00 €	35 360,00 €
7	4,00 €	10,40 €	5500	22 000,00 €	57 200,00 €	35 200,00 €
8	4,00 €	10,00 €	5800	23 200,00 €	58 000,00 €	34 800,00 €
9	4,00 €	9,60 €	6100	24 400,00 €	58 560,00 €	34 160,00 €
10						
11		Bénéfice maximal		35 360,00 €		
12						
13						
14						

a) Quelle formule a été saisie dans la cellule B3, puis étirée vers le bas ? ....

b) Quelle formule a été saisie dans la cellule C3, puis étirée vers le bas ? ....

c) Quelle formule a été saisie dans la cellule D2, puis étirée vers le bas ? ....

d) Quelle formule a été saisie dans la cellule E2, puis étirée vers le bas ? ....

e) Quelle formule a été saisie dans la cellule F2, puis étirée vers le bas ? ....

f) Quelle formule a été saisie dans la cellule D11, pour afficher le bénéfice maximal ?

....

g) Quel est le prix de vente unitaire qui permet d'atteindre ce bénéfice de 35 360,00 € ?

....

☐ NIVEAU 3

Exercice 9

Soit la fonction f définie par $f(x) = -x^2 + x$.

	A	B
1	x	$f(x)$
2	0	0
3	0,1	0,09
4	0,2	0,16
5	0,3	0,21
6	0,4	0,24
7	0,5	0,25
8	0,6	0,24
9	0,7	0,21
10	0,8	0,16
11	0,9	0,09
12	1	0

a) À l'aide d'une feuille de calcul, on a construit un tableau de valeurs de la fonction f.

1. Quelle formule a-t-on pu entrer dans la cellule B2, puis recopier jusqu'en B12, pour générer les images par f ?

....

2. Dans cette question, on admet l'existence d'un maximum pour la fonction f. Peut-on affirmer, à l'aide du tableau, que le maximum de la fonction f est atteint en $\frac{1}{2}$?

....

b) 1. Démontrez que : $f(x) = -\left(x - \frac{1}{2}\right)^2 + \frac{1}{4}$. ....

2. Déduisez-en la valeur maximale recherchée. ....

Exercice 10

a) Dans la feuille de calcul ci-dessous, quelle formule a été saisie dans la cellule C4 puis étirée vers le bas pour calculer le volume d'un cylindre dont on a le rayon et la hauteur ?

b) Quelles formules ont été saisies dans les cellules D4 et E4 en utilisant le résultat obtenu dans la cellule C4 donnant respectivement le volume du cylindre agrandi et le volume du cylindre réduit ?

On rappelle que la valeur de π dans la formule est notée PI()

	A	B	C	D	E
1	Taux d'agrandissement		5%		
2	Taux de réduction		8%		
3	rayon (en cm)	hauteur (en cm)	Volume du cylindre (en cm^3)	Volume du cylindre agrandi (en cm^3)	Volume du cylindre réduit (en cm^3)
4	4	3	150,80	158,34	138,73
5	5	4	314,16	329,87	289,03
6	6	5	565,49	593,76	520,25

SCRATCH

Ouvrez au préalable le programme Scratch ou munissez-vous d'une feuille et d'un stylo.

☐ NIVEAU 1

Exercice 1

Écrivez un programme Scratch pour tracer un carré de 50 pixels de côté.

Exercice 2

Écrivez un programme Scratch pour tracer un triangle équilatéral de 50 pixels de côté.

☐ NIVEAU 2

Exercice 3

Reprenez les exercices 1 et 2 pour dessiner un carré et un triangle équilatéral en utilisant la boucle « répéter ».

Exercice 4

Déterminez sans justifier, quelle figure géométrique est tracée lorsque l'on exécute chacun des programmes suivants.

PROGRAMME A

PROGRAMME B

Exercice 5

On utilise le programme ci-contre.

a) Quel résultat s'affiche si l'on choisit d'entrer le nombre 7 ?

b) Quel résultat s'affiche si l'on choisit d'entrer le nombre 12,7 ?

c) Quel résultat s'affiche si l'on choisit d'entrer le nombre –6

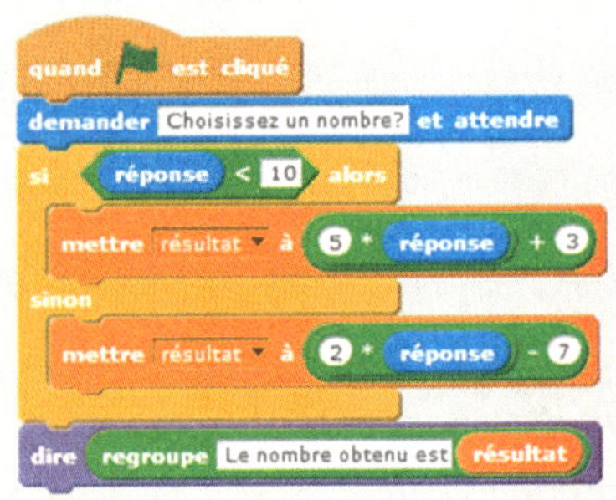

Exercice 6

Voici une copie d'écran d'un algorithme réalisé à l'aide du logiciel Scratch.

a) Quelles sont les valeurs des variables *a*, *b* et *n* à la fin du premier passage dans la boucle, puis à la fin du second passage ?

b) Que réalise ce programme ?

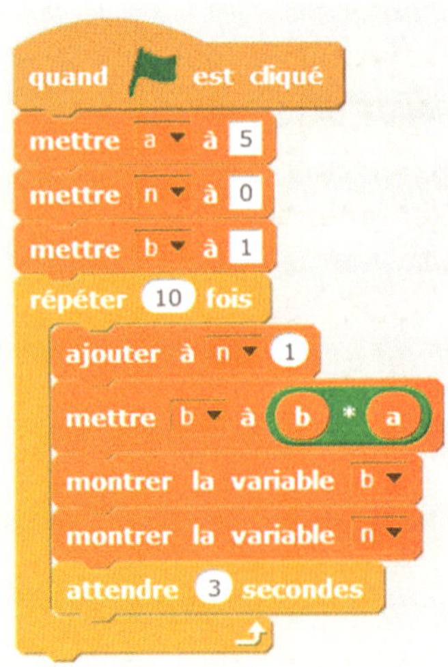

Exercice 7

Un élève utilise le programme ci-contre.

a) Quelle réponse le logiciel va-t-il afficher si l'élève entre la valeur 5 ?

....

b) Quel nombre l'élève doit-il rentrer pour obtenir en retour le message « Bravo ! Tu as trouvé le nombre mystère. » ?

....

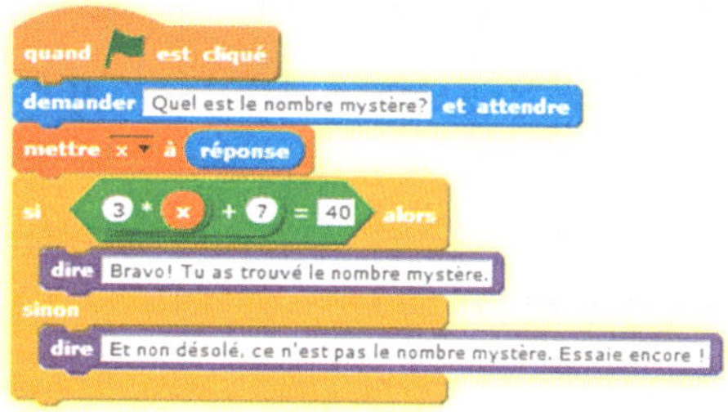

☐ NIVEAU 3

Exercice 8

La figure ci-dessous a été réalisée à l'aide du logiciel de programmation Scratch.

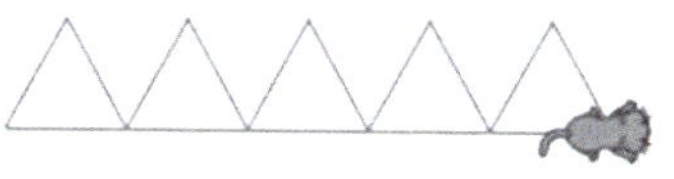

a) Parmi les programmes proposés ci-dessous, quel est celui qui permet de tracer le dessin ?

....

b) Dans ces programmes, l'angle de rotation est de 120°. Expliquez pourquoi.

....

PROGRAMME A

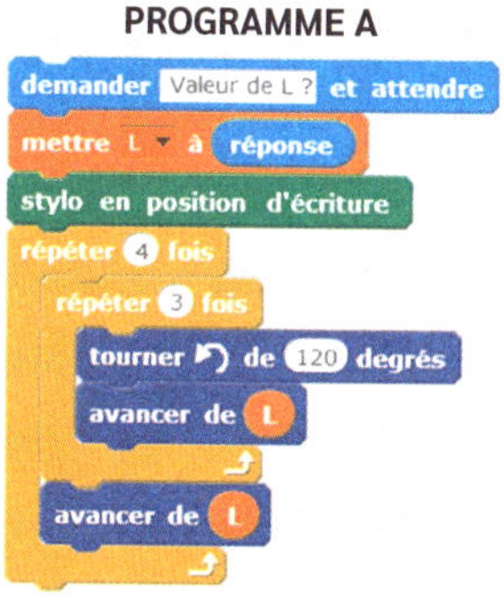

PROGRAMME B

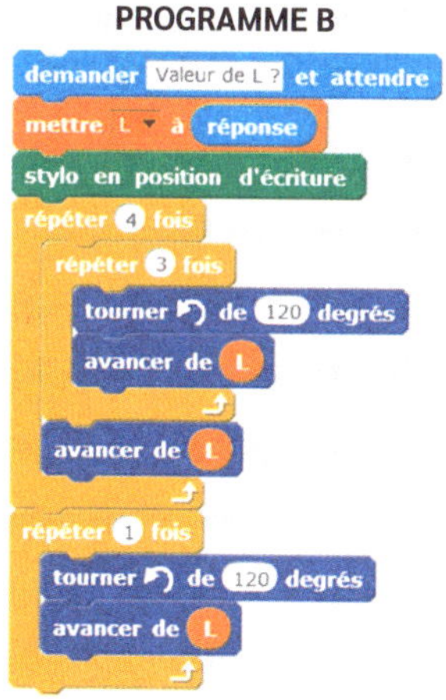

PROGRAMME C

PROGRAMME D

CORRIGÉS

TABLEUR

☑ NIVEAU 1

Exercice 1

a) Dans la cellule C2 on a entré : =A2*B2

Dans la cellule D2 on a entré : =A2+C2

b) Dans la cellule D5 on a entré : =SOMME(D2:D4)

Exercice 2

a) Dans la cellule C2 on a entré : =A2*(1+B2)

b) Dans la cellule C5 on a entré : =SOMME(C2:C4)

Exercice 3

Dans la cellule I2 on a entré : =SOMME(B1:I1)/8 ou =MOYENNE(B1:I1)

Exercice 4

a) Dans la cellule H2 on a entré la formule : =SOMME(B2:G2)

b) Dans la cellule B3 on a entré la formule : =B1*B2

c) Dans la cellule H3 on a entré la formule : =SOMME(B3:G3)

d) Dans la cellule H5 on a entré la formule : =H3/H2

Exercice 5

La cellule F3 contiendra la formule : =D1+E1

Exercice 6

La cellule C6 contiendra la formule : =A4+B4

Exercice 7

La cellule C4 contiendra la formule : =A$1+B2

☑ NIVEAU 2

Exercice 8

a) On recherche dans la colonne E la somme totale dépensée égale à 877,50. Cette somme est dans la cellule E16. Sur cette ligne on lit les contenus des cellules A16 et B16 correspondant respectivement au nombre d'adultes et au nombre d'enfants, soit 12 adultes et 15 enfants. Et on lit sur la même ligne les valeurs portées dans les colonnes A et B. On en conclut que le groupe de 27 personnes était composé de 12 adultes et 15 enfants.

b) À la ligne 21, le nombre d'adultes est 17, donc le nombre d'enfants sera 10.

Le prix payé par les adultes sera : $17 \times 45 = 765$ €.

Le prix payé par les enfants est : $10 \times 22{,}5 = 225$ €.

Le prix total est : 765 + 225 = 990 €, d'où la ligne 21 du tableur est :

21	17	10	765	225	990

c) Dans la cellule C4, on a entré la formule qui permet de calculer le prix payé par tous les adultes en fonction du nombre d'adultes, d'où : =45*A4 ou =B$1*A4
Cette formule : =B$1*A4, B$1 renvoie au contenu figé de la cellule B1 contenant le prix de 45 €.
Dans la cellule D4, on a entré la formule qui permet de calculer le prix payé par tous les enfants en fonction du nombre d'enfants, d'où : =22,5*B4 ou =B$1/2*B4
Cette formule : =B$1/2*B4 , B$1/2 renvoie au contenu figé de la cellule B1 contenant le prix de 45 € divisé par 2 car les enfants paient moitié prix.
Dans la cellule E4, on écrit la formule qui permet de calculer le prix total payé : =C4+D4.

Exercice 9

a) Dans la cellule B3 a été saisie la formule : =B2–0,40
b) Dans la cellule C3 a été saisie la formule : =C2+300
c) Dans la cellule D2 a été saisie la formule : =A2*C2
d) Dans la cellule E2 a été saisie la formule : =B2*C2
e) Dans la cellule F2 a été saisie la formule : =E2–D2
f) Dans la cellule D11 a été saisie la formule : =MAX(F2:F9)
g) Le bénéfice maximal de 35 360,00 € se trouve à l'intersection de la colonne F et de la ligne n° 6. Le prix de vente correspondant à ce bénéfice est contenu dans la cellule B6. Le prix de vente unitaire est donc de 10,80 €.

☑ NIVEAU 3

Exercice 10

Soit la fonction f définie par $f(x) = -x^2 + x$.

a) 1. Dans la cellule B2 on a pu entrer une des formules :
=A2–A2^2 ou =A2–A2*A2 ou en factorisant l'expression =A2*(1–A2).

2. Non, on ne peut pas affirmer à l'aide du tableau que le maximum de la fonction f est atteint en $\frac{1}{2}$.

On remarque que pour les valeurs de x appartenant à l'intervalle [0 ; 1], la fonction f est croissante sur l'intervalle [0 ; 0,5] et décroissante sur l'intervalle [0,5 ; 1].
On peut donc simplement affirmer que le maximum est atteint sur l'intervalle]0,4 ; 0,6[, sans autre précision.
Pour affiner notre recherche il faut calculer $f(x)$ pour des valeurs de x prises dans l'intervalle]0,4 ; 0,6[avec un pas beaucoup plus petit. Il est de 0,1 dans le tableau proposé.

b) 1. Pour démontrer que $f(x) = -\left(x - \frac{1}{2}\right)^2 + \frac{1}{4}$, il suffit de développer cette expression de f pour la rapprocher de l'expression $f(x) = -x^2 + x$.

On a $-\left(x - \frac{1}{2}\right)^2 + \frac{1}{4} = -\left(x^2 - 2 \times \frac{1}{2} \times x + \frac{1}{4}\right) + \frac{1}{4} = -x^2 + x - \frac{1}{4} + \frac{1}{4} = -x^2 + x = f(x)$

2. Comme un carré est toujours positif ou nul on a donc $\left(x - \frac{1}{2}\right)^2 \geq 0$, son opposé est toujours négatif ou nul soit $-\left(x - \frac{1}{2}\right)^2 \leq 0$.

En ajoutant $\frac{1}{4}$ aux deux membres de l'inégalité il vient : $-\left(x-\frac{1}{2}\right)^2+\frac{1}{4}\leq\frac{1}{4}$, soit $f(x)\leq\frac{1}{4}$.
Cette valeur maximale $\frac{1}{4}$ est atteinte lorsque $x-\frac{1}{2}=0$, soit pour $x=\frac{1}{2}$.

Exercice 11
a) On a entré dans la cellule C4 la formule suivante : =PI()*A4^2*B4
b) On a entré dans la cellule D4 la formule suivante : =C4*(1+C$1)
À un agrandissement de 5 % du volume on associe un coefficient multiplicateur égal à : $1+\frac{5}{100}$.
Comme la formule est étirée vers le bas il faut figer la cellule C1 en ligne ce qui explique le signe $ devant le numéro de ligne 1 : C$1.
On a entré dans la cellule E4 la formule suivante : =C4*(1–C$2)
À une réduction de 8 % du volume on associe un coefficient multiplicateur égal à : $1-\frac{8}{100}$.
Même remarque que précédemment : comme il faut figer le contenu de la cellule C2 qui contient le taux de réduction de 8 %, il faut mettre le signe $ devant le numéro de ligne 2 : C$2.

SCRATCH

☑ NIVEAU 1

Exercice 1

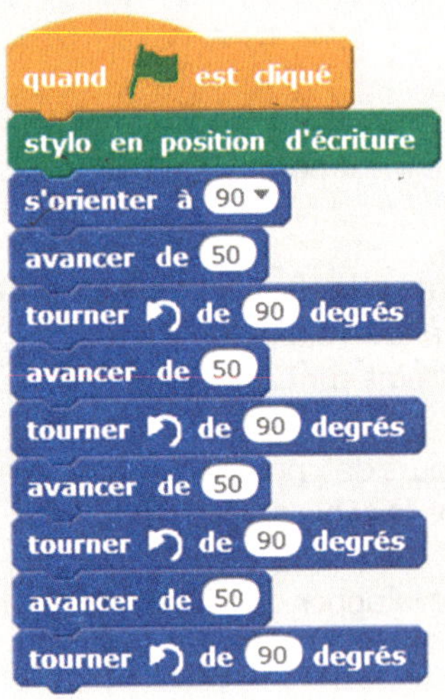

Exercice 2

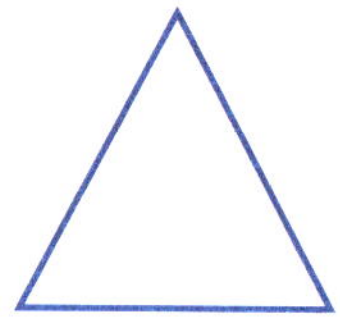

NIVEAU 2

Exercice 3

CARRÉ

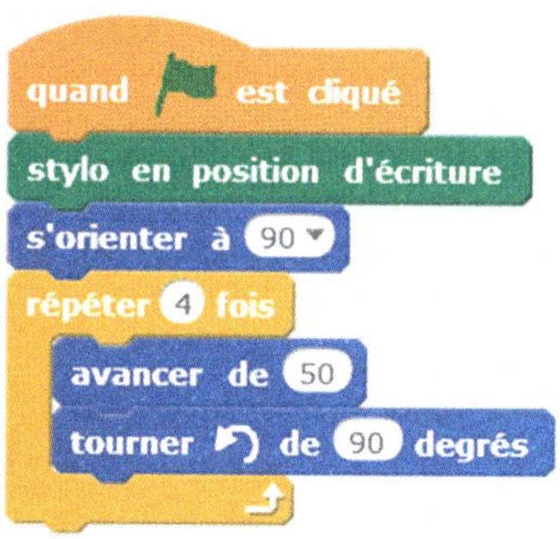

TRIANGLE

Exercice 4

L'exécution du programme A affiche un rectangle de longueur 300 pixels et de largeur 70 pixels.

L'exécution du programme B affiche un losange dont le côté mesure 100 pixels avec deux angles de mesures 50 degrés et 130 degrés.

Exercice 5

Si le nombre choisi est strictement inférieur à 10 alors afficher comme résultat : $\times 5$ nombre $+3$.

Sinon, si le nombre choisi est supérieur ou égal à 10 alors afficher comme résultat : $\times 2$ nombre -7.

On peut le traduire ainsi :

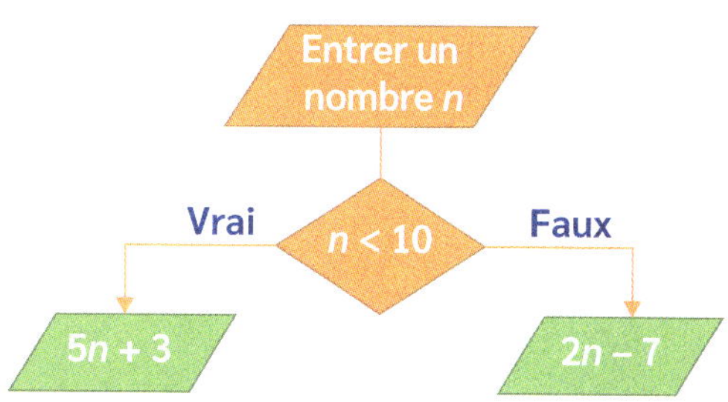

a) Si on entre le nombre 7 alors le résultat affiché est : $5 \times 7 + 3 = 38$.

b) Si on entre le nombre 12,7 le résultat affiché est : $2 \times 12{,}7 - 7 = 18{,}4$.

c) Si on entre le nombre -6 le résultat affiché est : $5 \times (-6) + 3 = -27$.

Exercice 6

a) Au premier passage dans la boucle a prend la valeur 5, n prend la valeur 1 et b prend la valeur $1 \times 5 = 5$.
Au second passage dans la boucle a prend la valeur 5, n prend la valeur 2 et b prend la valeur $5 \times 5 = 25$.
b) Ce programme affiche les puissances successives de 5 et ce jusqu'à 5^{10}.

Exercice 7

a) Si l'élève entre 5, la réponse affichée est : « Et non désolé, ce n'est pas le nombre mystère. Essaie encore ! », car $3 \times 5 + 7 \neq 40$.
b) Pour obtenir en retour le message « Bravo ! Tu as trouvé le nombre mystère. », l'élève doit rentrer la solution de l'équation $3x + 7 = 40$, soit $x = 11$.

☑ NIVEAU 3

Exercice 8

a) Le programme permettant de réaliser le dessin proposé est le programme C.
Figures obtenues avec les trois programmes A, B et D non retenus :

PROGRAMME A

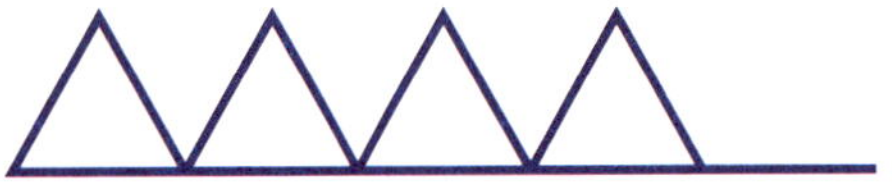

PROGRAMME B

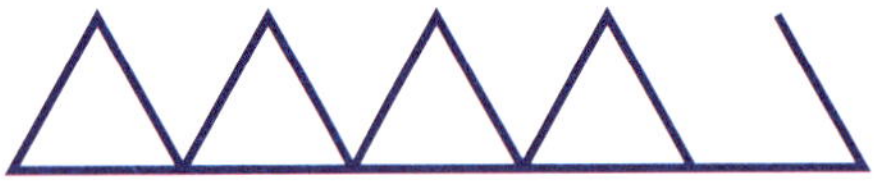

PROGRAMME D

b) Comme illustré dans la figure ci-dessous, le stylo est orienté au départ à droite, un triangle équilatéral à 3 angles mesurant 60 °.
Pour tracer le premier côté il faut tourner de 120° et avancer d'une longueur L de sorte que l'angle formé avec le plan horizontal ait une mesure de 60°. En effet 120° + 60° = 180°.
Pour réaliser ce triangle il faut donc trois itérations ou une boucle « répéter 3 fois ».

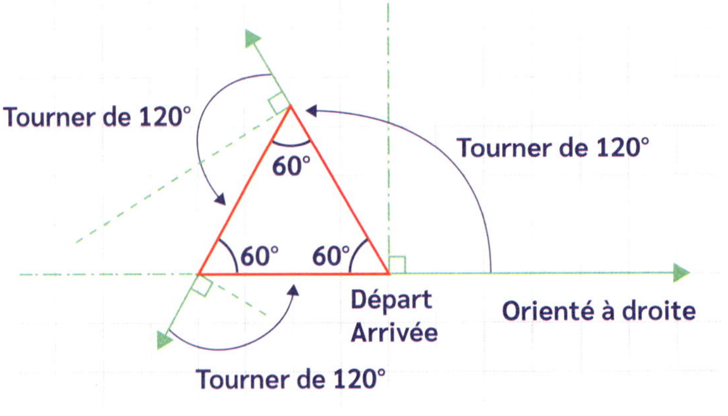

PARTIE 7

PROPORTIONNALITÉ

EXERCICES

☐ NIVEAU 1

Exercice 1

Les suites de nombres (1, 3, 10, 13, 27) et (5, 15, 50, 65, 135) sont-elles proportionnelles ? Entourez la bonne réponse.

vrai faux

Exercice 2

Dans une classe de 20 élèves il y a 12 filles, quel est le pourcentage de filles ?

....

Exercice 3

Le nombre de candidats à un concours était de 4 258 en 2021. Ce nombre a augmenté de 15 % en 2022. Quel est le nombre de candidats en 2022 ?

....

Exercice 4

Le chiffre d'affaires d'une entreprise était de 15 789 120 € en 2021. Ce dernier a diminué de 8 % en 2022. Quel est son chiffre d'affaires en 2022 ?

....

Exercice 5

Le prix d'un article a augmenté tous les ans de 5 %. Peut-on affirmer que cet article a augmenté de 20 % en quatre ans ? Entourez la bonne réponse.

oui non

Exercice 6

Quelle masse de café Arabica doit-on ajouter à 180 g de café Robusta pour obtenir un café composé à 80 % de la masse totale de café Arabica ?

....

....

Exercice 7

12 mètres de tissu coûtent 42 €. Quel est le prix de 18 mètres, de 40 mètres du même tissu ?

18 mètres : ....

40 mètres : ....

Exercice 8

Un peintre souhaite repeindre les volets d'une maison. Il constate qu'il utilise $\frac{1}{6}$ du pot pour mettre une couche de peinture sur l'intérieur et l'extérieur d'un volet. Il doit peindre ses 4 paires de volets et mettre sur chaque volet 3 couches de peinture. Il affirme qu'il lui faut 2 pots de peinture. A-t-il raison ? Entourez la bonne réponse.

oui non

Exercice 9

Une carte est à l'échelle $\frac{1}{500\,000}$. Quelle est la distance en km entre deux villes séparées de 6 cm sur la carte ?

....

....

Exercice 10

On a augmenté de 20 % la longueur du côté d'un carré. Entourez la bonne réponse.

a) Son périmètre a augmenté de 20 % :
vrai faux

b) Son aire a augmenté de 40 % :
vrai faux

Exercice 11

Un automobiliste roulant à vitesse constante a parcouru 135 km en 1 h 15 min. Combien de temps exactement lui faudra-t-il pour parcourir 253,8 km à cette même vitesse ?

☐ NIVEAU 2

Exercice 12

Dans un immeuble, les charges sont réparties proportionnellement aux surfaces des logements. L'immeuble comporte trois studios de 35 m² chacun, deux F2 de 60 m² chacun, deux F3 de 75 m² chacun et trois F4 de 100 m² chacun. Le montant total des

charges pour tout l'immeuble est de 131 450 €. Calculez le montant annuel (arrondi au centième près) des charges pour chaque type d'appartement.

....

....

....

....

Exercice 13

8 ouvriers boivent 20 litres de soda en 10 jours. Combien 26 ouvriers boiront-ils de soda en 24 jours ?

....

....

Exercice 14

Complétez le tableau de proportionnalité suivant en utilisant les propriétés de linéarité.

8	9	17	80	97
584	657			

Exercice 15

Cinq machines tournant à plein régime permettent de fabriquer 36 000 bouteilles en 4 jours. Combien de jours faudrait-il pour que 9 machines identiques travaillant dans les mêmes conditions fabriquent 243 000 bouteilles ?

....

....

Exercice 16

Sarah vient de faire construire une piscine dont la forme est un pavé droit de 8 m de longueur, 4 m de largeur et 1,80 m de profondeur. Elle souhaite maintenant remplir sa piscine. Elle y installe donc son tuyau d'arrosage. Sarah a remarqué qu'avec son tuyau d'arrosage, elle peut remplir un seau de 10 litres en 18 secondes. Pour remplir sa piscine, un espace de 20 cm doit être laissé entre la surface de l'eau et le haut de la piscine. Faut-il plus ou moins d'une journée pour remplir la piscine ? Justifiez votre réponse.

....

....

Exercice 17

On souhaite diminuer la teneur en alcool d'une boisson dosée à 24 % en alcool. À partir d'un litre de cette boisson, on voudrait obtenir, un mélange ne contenant plus que 6 % d'alcool. Quelle quantité d'eau doit-on ajouter ?

....

....

☐ NIVEAU 3

Exercice 18

Au 1er janvier 2018, le Jamaïcain Usain Bolt détient le record du monde du 200 mètres en 19,19 secondes.

a) Déterminez sa vitesse moyenne en km/h. Arrondissez au dixième.

....

....

....

b) À cette vitesse-là, combien mettrait-il de temps pour effectuer un marathon dont la longueur est de 42,195 km ? Donnez la réponse en heures, minutes et secondes, arrondie à la seconde près.

....

....

....

c) Le précédent record du monde du 200 mètres était détenu par l'américain Michael Johnson, « La locomotive de Wako », avec un temps de 19,32 secondes aux Jeux Olympiques d'Atlanta en 1996. De quel pourcentage Usain Bolt a-t-il réduit le temps du record du monde du 200 mètres ?

....

....

....

Exercice 19

Pour colorer l'émail des objets qu'il fabrique, un artisan utilise des oxydes métalliques. Pour peser certains de ces oxydes métalliques, il utilise un peson à ressort constitué d'un ressort, d'une réglette et d'un crochet pour accrocher les masses à mesurer. Le peson est suspendu par l'une de ses extrémités. Lorsqu'on y accroche une masse, son ressort s'allonge. Au repos, le ressort du peson a pour longueur 14 cm. Avec une

masse suspendue de 10 g, le ressort a pour longueur 14,5 cm. Chaque fois que l'on ajoute 10 g à une masse déjà suspendue, le ressort s'allonge de 0,5 cm.

a) Quelle longueur mesurera le ressort si on suspend une masse de 70 g ?

....

....

....

b) L'artisan constate que le ressort mesure 28 cm. Quelle masse a été suspendue au ressort ?

....

....

....

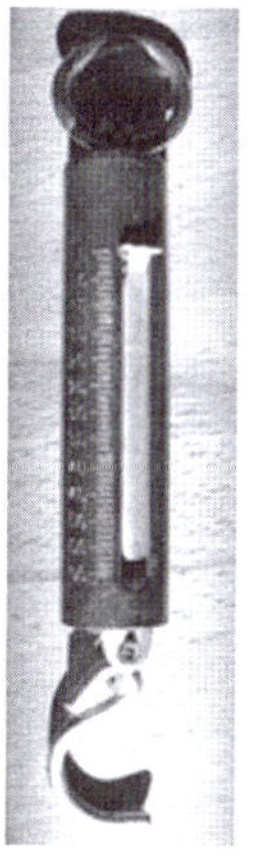

Exemple de peson à ressort. Source : Wikipédia

c) La longueur du ressort est-elle proportionnelle à la masse suspendue ? Justifiez votre réponse.

....

....

....

Exercice 20

Un micro-entrepreneur se lance dans la fabrication artisanale de confitures de fruits. On appelle préparation le mélange avant cuisson de fruits et de sucre ajouté. La masse des autres ingrédients pouvant intervenir dans la recette sera négligée.

a) Il souhaite choisir une recette dont la préparation a une proportion de sucre ajouté comprise entre 20 % et 30 % pour obtenir une consistance satisfaisante après cuisson.

Préparation 1 : 240 g de sucre ajouté pour 1 kg de fruits.

Préparation 2 : 3/4 de fruits et 1/4 de sucre ajouté.

Préparation 3 : 330 g de sucre ajouté pour 1,5 kg de préparation

Parmi ces trois préparations, laquelle ou lesquelles peut-il choisir pour respecter son souhait ? Justifiez.

....

....

....

b) Le micro-entrepreneur choisit la préparation 2.

1. Pour 1 kg de fruits quelle masse de sucre, arrondie au gramme, devra-t-il ajouter ?

....

....

....

2. Il doit indiquer sur les étiquettes des pots de confiture : « préparé avec ... g de fruits pour 100 g de produit fini », le produit fini étant la confiture après cuisson. Le micro entrepreneur estime que 100 g de préparation donneront 83 g de produit fini. Que devra-t-il inscrire sur son étiquette ? Justifiez. Vous arrondirez la masse au gramme.

....

....

....

....

3. Pour connaître la proportion exacte de sucre avant cuisson, il faut tenir compte aussi du sucre naturellement présent dans les fruits. En considérant que les fruits utilisés contiennent naturellement 10 % de sucre, montrez qu'avec la recette retenue, le pourcentage de sucre dans la préparation est égal à 32,5 %.

....

....

....

....

CORRIGÉS

☑ NIVEAU 1

Exercice 1

Réponse : Vrai

Ces deux suites ont le même nombre de termes et on peut retrouver les termes de la seconde suite en multipliant les termes de la première suite par un même nombre appelé coefficient de proportionnalité.

On peut aussi dire que ces deux suites induisent des rapports de proportionnalité égaux.

En effet, $\frac{5}{1} = \frac{15}{3} = \frac{50}{10} = \frac{65}{13} = \frac{135}{27} = 5$ ou $\frac{1}{5} = \frac{3}{15} = \frac{10}{50} = \frac{13}{65} = \frac{27}{135}$

Exercice 2

Soit t le pourcentage de filles.

On pose l'égalité $\frac{t}{100} \times 20 = 12$, donc $\frac{t}{100} = \frac{12}{20} = 0{,}6$ d'où $t = 60\ \%$

Réponse : Il y a donc 60 % de filles dans cette classe.

Exercice 3

Le coefficient multiplicateur associé à une augmentation de 15 % est : $1 + \frac{15}{100}$, soit 1,15.

Donc le nombre de candidats en 2022 est égal à 4 258 × 1,15, soit 4 896,70.

Réponse : 4 896 environ.

Exercice 4

Le coefficient multiplicateur associé à une diminution de 8 % est : $1 - \frac{8}{100}$, soit 0,92.

Donc le chiffre d'affaires en 2022 est égal à 15 789 120 × 0,92 soit 14 525 990,40 €.

Réponse : 14 525 990,40 €.

Exercice 5

Réponse : Non

Comme le prix de l'article a augmenté de 5 % par an et ce pendant quatre ans alors le coefficient multiplicateur à appliquer est égal à 1,05 × 1,05 × 1,05 × 1,05, soit $1{,}05^4 \approx 1{,}2155$. On en déduit que le prix de l'article a donc augmenté de : $(1{,}2155 - 1) \times 100$, soit 21,55 %.

RAPPEL

Quatre augmentations successives de 5 % ne valent pas une augmentation unique de (4 × 5) %, soit 20 %, mais une augmentation de 21,55 %.

Exercice 6

Soit x la masse en gramme de café Arabica à ajouter. Le nouveau mélange a donc une masse totale de $(x + 180)$ g.
On a donc $(x + 180) \times 80\ \% = x$, $144 = x - 0{,}8x$, soit $0{,}2x = 144$, d'où $x = \dfrac{144}{0{,}2} = 720$.
Il faut donc mélanger 180 g de café Robusta avec 720 g de café Arabica.
Réponse : 720 g.

Exercice 7

12 m de tissu coûtent 42 €, 6 m coûtent $\dfrac{42}{2} = 21$ € donc 18 m coûtent $21 \times 3 = 63$ €

Pour déterminer le prix pour 40 m, on peut utiliser un tableau de proportionnalité et rechercher la 4e proportionnelle :

Longueur du tissu acheté (en m)	12	40
Prix à payer (en €)	42	x

On a donc $12 \times x = 42 \times 40$, $x = \dfrac{42 \times 40}{12}$, d'où $x = 140$ €.

Réponses : 18 m de tissu coûtent 63 € et 40 m de tissu coûtent 140 €.

Exercice 8

Réponse : non.
Peindre 4 paires de volets équivaut à peindre 8 volets simples.

Pour un volet il faut $\dfrac{1}{6}$ du pot pour peindre l'intérieur et l'extérieur, donc pour 8 volets il faut $8 \times \dfrac{1}{6}$, soit $\dfrac{4}{3}$ de pot. Il faut donc $\dfrac{4}{3}$ de pot pour une couche, soit $3 \times \dfrac{4}{3}$ de pot pour 3 couches.

Il faut donc au total 4 pots.
L'affirmation du peintre est donc fausse.

Exercice 9

L'échelle $\dfrac{1}{500\,000}$ représente le coefficient de proportionnalité entre la longueur sur le dessin et la distance réelle.

On a donc $\dfrac{6 \text{ cm}}{\text{distance réelle}} = \dfrac{1}{500\,000}$, on a donc distance réelle $= 500\,000 \times 6$ cm $= 3\,000\,000$ cm, soit une distance entre les deux villes de 30 km.
Réponse : 30 km

Exercice 10

a) **Réponse :** vrai.
Si la longueur du côté est a alors son périmètre est égal à $4a$.
Si on augmente a de 20 % alors son périmètre est égal à $4 \times (1{,}2 \times a) = 1{,}2 \times (4a)$, soit une augmentation de 20 %
b) **Réponse** : faux.
Si la longueur du côté est a alors son aire est égale à a^2. Si on augmente a de 20 % alors son aire est égale à $(1{,}2 \times a)^2 = 1{,}2^2 \times a^2 = 1{,}44 \times a^2$, soit une augmentation de 44 %.

Exercice 11

Soit v la vitesse constante de l'automobiliste ; on a $v = \dfrac{d}{t}$, soit $v = \dfrac{135 \text{ km}}{\left(1 + \dfrac{15}{60}\right) \text{h}} = 108 \text{ km/h}$.

Pour parcourir 253,8 km, il lui faudra $\dfrac{253{,}8 \text{ km}}{108 \text{ km/h}} = 2{,}35 \text{ h} = 2 \text{ h} + 0{,}35 \times 60 \text{ min}$, soit 2 h 21 min.

Réponse : 2 h 21 min.

☑ NIVEAU 2

Exercice 12

Soient x le montant des charges pour les trois studios de 35 m², y le montant des charges pour les deux F2 de 60 m², z le montant des charges pour les deux F3 de 75 m², t le montant des charges pour les trois F4 de 100 m². Comme il y a proportionnalité entre les charges et la surface des logements, on a alors :

$$\frac{x}{3 \times 35} = \frac{y}{2 \times 60} = \frac{z}{2 \times 75} = \frac{t}{3 \times 100} = \frac{x + y + z + t}{3 \times 35 + 2 \times 60 + 2 \times 75 + 3 \times 100}$$

Or $x + y + z + t = 131\,450$, donc $\dfrac{x}{105} = \dfrac{y}{120} = \dfrac{z}{150} = \dfrac{t}{300} = \dfrac{131\,450}{675}$,

À l'aide des produits en croix, on déduit que :

- $x = \dfrac{131\,450}{675} \times 105 = 20\,447{,}78$ € pour les trois studios,
- $y = \dfrac{131\,450}{675} \times 120 = 23\,368{,}89$ € pour les deux F2,
- $z = \dfrac{131\,450}{675} \times 150 = 29\,211{,}11$ € pour les deux F3,
- $t = \dfrac{131\,450}{675} \times 300 = 58\,422{,}22$ € pour les trois F4.

Réponse : d'où les résultats suivants :

– Charges pour un studio : $\dfrac{20\,447{,}78}{3} \approx 6\,815{,}93$ €,

– Charges pour un F2 : $\dfrac{23\,368{,}89}{2} \approx 11\,684{,}44$ €,

– Charges pour un F3 : $\dfrac{29\,211{,}11}{2} \approx 14\,605{,}56$ €,

– Charges pour un F4 : $\dfrac{58\,422{,}22}{3} \approx 19\,474{,}07$ €.

Exercice 13
Étant en présence d'un problème de double proportionnalité, on peut traduire l'énoncé par le tableau suivant :

Nombre d'ouvriers	8	8	1	26	26
Nombre de jours	10	1	1	1	24
Quantité de soda (en litre)	20	2	$\frac{2}{8}$	$26 \times \frac{2}{8}$	$24 \times 26 \times \frac{2}{8}$

8 ouvriers en 10 jours boivent 20 litres de soda, 8 ouvriers en 1 jour boivent 2 litres de soda, 1 ouvrier en 1 jour boit $\frac{2}{8}$ litre de soda, 26 ouvriers en 1 jour boivent $\frac{2}{8} \times 26$ litres de soda, 26 ouvriers en 24 jours boivent $\frac{2}{8} \times 26 \times 24 = 156$ litres de soda.

Réponse : 156 litres.

Exercice 14
En appliquant les propriétés de linéarité additive et multiplicative on obtient :
$f(8) = 584$
$f(9) = 657$
$f(17) = f(8 + 9) = f(8) + f(9) = 584 + 657 = 1\,241$
$f(80) = f(10 \times 8) = 10 \times f(8) = 10 \times 584 = 5\,840$
$f(97) = f(17 + 80) = f(17) + f(80) = 1\,241 + 5\,840 = 7\,081$
On en déduit le tableau suivant :

8	9	$8 + 9 = 17$	$10 \times 8 = 80$	$17 + 80 = 97$
584	657	$584 + 657 = 1\,241$	$10 \times 584 = 5\,840$	$1\,241 + 5\,840 = 7\,081$

Exercice 15
Ce problème peut être traduit par le tableau de double proportionnalité suivant :

Nombre de machines	5	1	1	9	9
Nombre de jours	4	4	1	1	?
Nombre de bouteilles	36 000	7 200	1800	16 200	243 000

5 machines fabriquent en 4 jours 36 000 bouteilles, 1 machine fabrique en 4 jours $\frac{36\,000}{5} = 7\,200$ bouteilles, 1 machine fabrique en 1 jour $\frac{7\,200}{4} = 1\,800$ bouteilles,
9 machines fabriquent en 1 jour = $1800 \times 9 = 16\,200$ bouteilles.

Il faut donc $\frac{243\,000}{16\,200}$, soit 15 jours pour que 9 machines identiques travaillant dans les mêmes conditions fabriquent 243 000 bouteilles.
Réponse : 15 jours.

Exercice 16
Le débit du tuyau d'arrosage est de $\frac{10\text{ L}}{18\text{ s}} = \frac{10}{18} \times \frac{\text{L}}{\text{s}} = \frac{10}{18} \times 3\,600\text{ L/h} = 2\,000\text{ L/h}$.

Comme $1\text{ m}^3 = 1\,000\text{ L}$ alors le débit du tuyau d'arrosage est donc de $2\text{ m}^3/\text{h}$.

Comme un espace de 20 cm doit être laissé entre la surface de l'eau et le haut de la piscine alors la hauteur de la colonne d'eau est donc égale à 1,80 m – 0,20 m, soit 1,60 m.
Le volume d'eau dans la piscine remplie est donc égal à 8 m × 4 m × 1,60 m = 51,2 m^3.

La durée en heure nécessaire pour remplir la piscine est donc égale à $\dfrac{51{,}2\ \text{m}^3}{2\ \text{m}^3/\text{h}} = 25{,}6$ h.

Réponse : Il faut donc 25,6 h pour remplir la piscine, soit plus d'une journée.

Exercice 17

Si on prend un litre de cette boisson soit 100 cl alors le dosage actuel est de 24 cl d'alcool pour 76 cl d'eau, soit un dosage de 24 % en alcool et 76 % en eau.
On souhaiterait un mélange qui ne contienne plus que 6 % d'alcool. Si x est la quantité d'eau en centilitre à ajouter alors le volume du mélange est de $x + 100$ cl. Comme le mélange doit contenir 6 % d'alcool alors on en déduit l'équation suivante : $\dfrac{24}{x+100} = 0{,}06$.

En effectuant un produit en croix, il vient : $0{,}06x + 6 = 24$, $x = \dfrac{24-6}{0{,}06} = \dfrac{18}{0{,}06} = 300$ cl.

Réponse : Il faut donc ajouter 300 cl d'eau.
Vérification : le volume du mélange est de 100 + 300, soit 400 cl.

Le dosage d'alcool du mélange est donc égal à $\dfrac{24}{400} \times 100$, soit 6 %.

☑ NIVEAU 3

Exercice 18

Le record du monde détenu par Usain Bolt était de 200 mètres en 19,19 secondes, soit une vitesse de $\dfrac{200}{19{,}19}$ m/s.

a) Sa vitesse moyenne en km/h est donc $\dfrac{200}{19{,}19}\dfrac{\text{m}}{\text{s}} = \dfrac{200}{19{,}19} \times \dfrac{10^{-3}}{\dfrac{1}{3\,600}}\dfrac{\text{km}}{\text{h}}$ car 1 m = 10^{-3} km et 1 s = $\dfrac{1}{3\,600}$ h.

On a donc $\dfrac{200}{19{,}19}\dfrac{\text{m}}{\text{s}} = \dfrac{0{,}2 \times 3\,600}{19{,}19}\dfrac{\text{km}}{\text{h}}$, soit 37,5 km/h.

Réponse : 37,5 km/h.

b) Soit t la durée nécessaire pour effectuer un marathon de 42,195 km à la vitesse de 37,5 km/h.

On a $t = \dfrac{42{,}195}{37{,}5}$ h, soit $t = 1{,}1252$ h.

0,1252 h = 0,1252 × 60 min = 7,512 min
0,512 min = 0,512 × 60 s = 30,72 s

Réponse : On en déduit la durée t = 1 h 7 min 31 s.

c) Le pourcentage de réduction du temps du record du monde est :
$\dfrac{19{,}19 - 19{,}32}{19{,}32} \times 100 = -0{,}67$ % (le signe moins indique une réduction).

Réponse : Bolt a donc réduit le temps du record du monde de 0,67 %.

Exercice 19

Première solution

a) L'allongement du ressort est proportionnel à la masse qu'on y accroche, car chaque fois que l'on ajoute 10 g à une masse déjà suspendue, le ressort s'allonge de 0,5 cm.

Si on suspend une masse de 70 g, le ressort s'allongera de $7 \times 0{,}5$, soit 3,5 cm.
Le ressort mesurera alors 14 + 3,5, soit 17,5 cm.
Réponse : 17,5 cm.
b) Si le ressort mesure 28 cm c'est qu'il s'est allongé de 14 cm.
Un allongement de 0,5 cm correspond à une masse suspendue de 10 g, donc un allongement de 1 cm correspond à une masse suspendue de $\frac{10}{0{,}5}$, soit 20 g.
On en déduit qu'un allongement de 14 cm correspond à une masse suspendue de 20×14, soit 280 g.
Réponse : 280 g.
Par conséquent pour que le ressort mesure 28 cm il faut y suspendre une masse de 280 g.
c) Pour une masse suspendue de 10 g, le ressort a pour longueur 14,5 cm.
Pour une masse suspendue de 70 g, le ressort a pour longueur 17,5 cm.
Dans une situation de proportionnalité pour une masse suspendue de 70 g la longueur du ressort aurait dû être égale à $7 \times 14{,}5$, soit 101,5 cm.
On peut aussi montrer que la longueur du ressort n'est pas proportionnelle à la masse suspendue car $\frac{70}{10} \neq \frac{17{,}5}{14{,}5}$.
On peut aussi remarquer qu'au repos donc avec une masse nulle suspendue le ressort de peson a pour longueur 14 cm et non pas 0 cm.
Réponse : En résumé on peut dire que seul l'allongement du ressort est proportionnel à la masse suspendue et non pas la longueur du ressort.

Seconde solution
a) On peut définir la fonction linéaire f qui à toute masse x suspendue au ressort exprimée en gramme associe l'allongement du ressort égal à kx, où k est le coefficient de proportionnalité exprimé en cm/g. f est donc définie par $f(x) = kx$.
Déterminons le coefficient k.
Pour $x = 10$, l'allongement est de 0,5 cm, soit $f(10) = 0{,}5$.
Ce qui équivaut à $10k = 0{,}5$, soit $k = 0{,}05$ cm/g.
La fonction allongement f est donc définie par $f(x) = 0{,}05x$.
Si on suspend une masse de 70 g l'allongement du ressort sera égal à $f(70) = 0{,}05 \times 70$, soit 3,5 cm.
On en déduit la longueur du ressort, 14 + 3,5, soit 17,5 cm.
b) Si le ressort mesure 28 cm c'est qu'il s'est allongé de 14 cm.
On a donc $f(x) = 14$ équivaut à $0{,}05x = 14$.
On en déduit que $x = \frac{14}{0{,}05}$, soit 280 g.
c) Définissons la fonction g qui à toute masse x suspendue au ressort exprimée en gramme associe la longueur du ressort.
Au repos le ressort a pour longueur 14 cm.
On a donc $g(x) = f(x) + 14$, soit $g(x) = 0{,}05x + 14$.
g est donc une fonction affine.
Ce résultat traduit que la longueur du ressort n'est pas proportionnelle à la masse suspendue. En effet, la fonction g ne vérifie pas la condition de linéarité.
On peut, par exemple vérifier que $g(2x) \neq 2\,g(x)$.
En effet $g(2x) = 0{,}05(2x) + 14 = 0{,}1x + 14$ et $2\,g(x) = 2(0{,}05x + 14) = 0{,}1x + 28$.
Ou en général on peut montrer que $g(\lambda x) \neq \lambda g(x)$, λ étant un nombre réel.

Exercice 20

a) Proportion de sucre ajouté dans chaque préparation.

Préparation 1 : 240 g de sucre ajouté pour 1 kg de fruits soit une masse de la préparation égale à 240 g + 1 000 g = 1 240 g.

La proportion en pourcentage de sucre ajouté dans la préparation 1 est donc égale à $\frac{240}{1\,240} \times 100$, soit 19,35 %.

La préparation 1 ne remplit pas la condition imposée à savoir une proportion de sucre ajouté comprise entre 20 % et 30 %.

Préparation 2 : $\frac{3}{4}$ de fruits et $\frac{1}{4}$ de sucre ajouté.

La réponse dans ce cas est immédiate. La proportion en pourcentage de sucre ajouté dans la préparation 2 est donc égale à $\frac{1}{4} \times 100$, soit 25 %. La préparation 2 peut être choisie car elle respecte le choix du micro-entrepreneur.

Préparation 3 : 330 g de sucre ajouté pour 1,5 kg de préparation.

La proportion en pourcentage de sucre ajouté dans la préparation 3 est donc égale à $\frac{330 \text{ g}}{1\,500 \text{ g}} \times 100$, soit 22 %. La préparation 3 peut être retenue car elle respecte le choix du micro-entrepreneur.

Réponse : préparations 2 et 3.

b) 1. Dans la préparation 2 comme il y a $\frac{3}{4}$ de fruits pour $\frac{1}{4}$ de sucre ajouté alors le rapport est de $\frac{\frac{1}{4}}{\frac{3}{4}}$, soit $\frac{1}{3}$. Par conséquent pour 1 kg de fruits il faut une masse de sucre égale à $\frac{1}{3}$ kg, soit 333 g de sucre.

2. Dans la préparation 2 pour 100 g de préparation on a 75 g de fruits.

Comme 100 g de préparation donneront 83 g de produit fini alors 75 g de fruits donneront 83 g de produit fini. On peut dresser un tableau de proportionnalité.

Masse de produit fini	83	100
Masse de fruits	75	?

En effectuant un produit en croix il vient : $\frac{75 \times 100}{83}$ g, soit 90 g de fruits.

Réponse : L'étiquette doit donc porter la mention : « préparé avec 90 g de fruits pour 100 g de produit fini »

3. Dans 100 g de préparation on a 75 g de fruits et 25 g de sucre ajouté.

Dans les 75 g de fruits il y a 10 % de sucre soit 7,5 g de sucre. Par conséquent la teneur en sucre pour 100 g de préparation est 25 g + 7,5 g, soit 32,5 g.

Donc le pourcentage en sucre dans la préparation est bien de $\frac{32{,}5 \text{ g}}{100 \text{ g}} \times 100$, soit 32,5 %.

PARTIE 8

STATISTIQUES

EXERCICES

☐ NIVEAU 1

Exercice 1

Patrick a relevé les températures moyennes journalières du mois d'avril.

Température moyenne en °C	10	12	17	19
Nombre de jours	6	8	12	5

(Ce tableau est valable pour les 3 questions suivantes.)

Entourez la bonne réponse.

a) La température moyenne du mois d'avril (tableau ci-dessus) est égale à :
a) 14,85 b) 14,68 c) 14,5 d) 15,25

b) La température médiane du tableau ci-dessus est égale à :
a) 12 b) 14,5 c) 14,2 d) 17

c) L'écart interquartile du tableau ci-dessus est égal à :
a) 3 b) 4 c) 5 d) 6

Exercice 2

Lors d'un examen, 4 candidats ont passé la même épreuve. Les trois premiers ont obtenu 10, 11 et 13 sur 20 respectivement. La moyenne des quatre candidats est de 12,75/20. Quelle est la note obtenue par le quatrième candidat ? Entourez la bonne réponse :
a) 17/20 b) 15/20 c) 13/20 d) on ne peut pas la calculer

Exercice 3

La moyenne arithmétique de 8 nombres est 13. En retirant l'un de ces nombres, la moyenne est alors égale à 12. Quel est le nombre retiré ? Entourez la bonne réponse :
a) 8 b) 16 c) 20 d) 21

Exercice 4

La moyenne à un devoir d'une classe de 15 élèves présents était de 12/20. Un élève absent ayant composé le lendemain a relevé la moyenne de la classe à 12,25/20. Quelle est la note obtenue par le 16ᵉ élève ? Entourez la bonne réponse :

a) 9 b) 12 c) 15 d) 16

Exercice 5

L'étendue de la série de nombres 6 ; 7 ; 15 ; 3 ; 10 ; 12 ; 11 ; 9 est égale à (entourez la bonne réponse) :

a) 15 b) 12 c) 11 d) 3

Exercice 6

La médiane de la série de 15 nombres 2,2 ; 1,8 ; 1,9 ; 2,2 ; 2 ; 1,9 ; 2,2 ; 1,8 ; 1,9 ; 1,7 ; 2 ; 2,4 ; 2 ; 1,7 ; 2 est égale à (entourez la bonne réponse) :

a) 1,8 b) 1,9 c) 2 d) 2,1

Exercice 7

Le mode d'une variable statistique est (entourez la bonne réponse) :

a) la modalité ayant le plus petit effectif
b) la modalité ayant le plus grand effectif
c) le plus grand des effectifs

Exercice 8

En augmentant toutes les notes des élèves d'une classe de 1 point, la note médiane de la classe augmentera de 1 point. Entourez la bonne réponse.

a) Vrai b) Faux c) On ne peut pas conclure

Exercice 9

Soit les valeurs rangées dans l'ordre croissant :

2 ; 4 ; 4 ; 6 ; 7 ; 7 ; 8 ; 9 ; 9 ; 10 ; 10 ; 10 ; 10 ; 11 ; 11 ; 12 ; 13 ; 13 ; 13 ; 14 ; 15.

Le troisième quartile Q_3 est égal à (entourez la bonne réponse) :

a) 10 b) 11 c) 12 d) 13

Exercice 10

Dans le cadre du plan de prévention du bruit dans l'environnement, une municipalité décide d'installer des capteurs destinés à mesurer le niveau de bruit dans deux rues de la ville. Ces deux capteurs fournissent chacun 12 relevés sur une période de 24 heures. Les mesures effectuées sont en décibels dB(A).

a) Dans la rue Bellepomme, les résultats sont les suivants :

Niveau de bruit en dB(A)	55	50	52	56	64	74	79	65	73	74	64	50

1. Calculez le niveau moyen de bruit sur la période étudiée.

....

....

2. Relevez les valeurs extrêmes et calculez l'étendue de la série.

....

....

3. Déterminez la médiane, le premier quartile Q_1 et le troisième quartile Q_3 ainsi que l'écart interquartile de la série.

....

....

b) Dans la rue Beausoleil, les résultats obtenus ont été représentés par le diagramme en boite ci-dessous. Les extrémités des « moustaches » correspondent aux valeurs extrêmes.

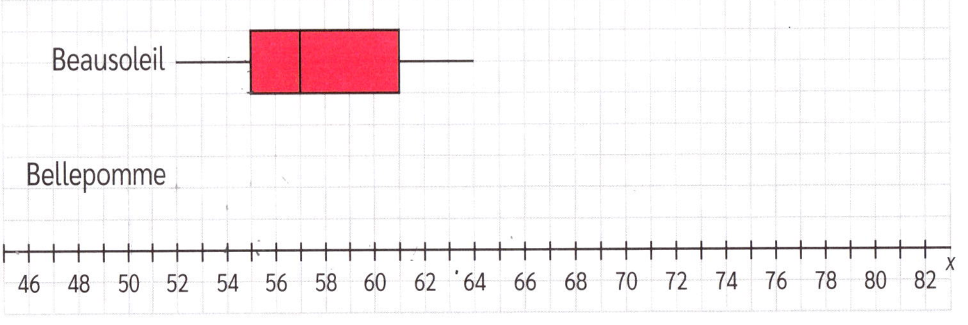

1. En utilisant la graduation de la figure, construisez le diagramme en boite illustrant les résultats obtenus dans la rue Bellepomme. (Vous pouvez répondre directement sur la figure.)

2. À l'aide des différentes données, commentez la qualité sonore de la vie des habitants de ces deux rues pendant la période étudiée.

....

....

....

....

Exercice 11

Les employés d'une entreprise ont passé un test noté sur 100 points. Les résultats ont été les suivants :

Note	[38 ; 44[	[44 ; 50[	[50 ; 56[	[56 ; 62[	[62 ; 68[	[68 ; 74[	[74 ; 80[
Effectifs	7	8	15	25	18	11	6

Quelle est la moyenne obtenue par le groupe ? Entourez la bonne réponse :
a) 48,2 b) 54,0 c) 59,4 d) 61,3

Exercice 12
On a relevé les âges d'un groupe d'étudiants.

Âges	18	19	20	21	22	23	24
Effectifs	14	15	35	21	8	6	1

Quel est l'âge médian ? Entourez la bonne réponse :
a) 18 b) 19 c) 20 d) 21

Exercice 13
On considère une série statistique de moyenne égale à 5. On complète la série en ajoutant 5 comme valeur supplémentaire.
Affirmation : la moyenne de la série ne change pas. Entourez la bonne réponse.
vrai faux

Exercice 14
Une entreprise réalise un sondage auprès de clients afin de savoir quelle forme de flacon est préférée.
Un seul choix est possible parmi les trois formes proposées. Toutes les personnes interrogées ont donné une réponse parmi les trois formes proposées.
Les résultats du sondage sont donnés dans le tableau suivant :

Forme du flacon	Parallélépipédique	Cylindrique	Pyramidale
Nombre de personnes l'ayant choisi	82	109	47

a) Déterminez la proportion de personnes préférant le flacon cylindrique. Exprimez le résultat sous forme d'un pourcentage arrondi à l'unité.

....

....

b) L'entreprise souhaite représenter les données du tableau à l'aide d'un diagramme circulaire pour une présentation à ses partenaires. Déterminez la mesure de l'angle, arrondie au degré près, du secteur représentant le nombre de personnes ayant choisi le flacon de forme cylindrique.

....

....

Exercice 15
a) Afin de faire un choix esthétique parmi trois modèles proposés de château d'eau, le maire décide de consulter ses concitoyens. Chaque foyer peut voter une fois, tous les foyers ont voté. Voici les résultats de la consultation :

Types de château d'eau	Modèle A	Modèle B	Modèle C
Nombre de foyers	12	60	18

Calculez la proportion, en pourcentage, de voix recueillies parmi les foyers de ce hameau pour chacun des trois modèles proposés. Les pourcentages seront arrondis à l'unité de pourcentage.

....

....

....

....

b) Pour sélectionner le réservoir au volume le plus adapté, le maire décide d'étudier la consommation annuelle d'eau des foyers du hameau et observe qu'en 2019 elle était égale à 10 500 m^3.

1. Montrez que la consommation moyenne annuelle d'eau par foyer est d'environ 116,67 m^3.

....

....

2. Sachant qu'un lotissement de 17 logements va être bientôt terminé, le maire décide d'intégrer ces logements à son étude en attribuant à chacun d'entre eux la consommation annuelle d'eau moyenne par foyer du hameau.
Calculez la consommation annuelle estimée du hameau intégrant les nouveaux logements. On donnera le résultat en mètre cube, arrondi à l'unité.

....

....

☐ NIVEAU 2

Exercice 16

Dans une classe de 28 élèves, on souhaite comparer les tailles des filles et des garçons. Voici les données dont on dispose :

Taille des treize filles en centimètre :
149 155 161 142 167 163 157 150 165 152 161 159 160

Taille des garçons :
toutes les tailles sont des nombres entiers de centimètres et il n'y a pas deux garçons qui ont la même taille.
On connait également les indicateurs suivants pour les tailles des garçons :
Étendue : 29 cm Moyenne : 159 cm Médiane : 161 cm

a) Calculez l'écart, en centimètre, entre la taille moyenne des filles et la taille moyenne des garçons.

....

....

b) Dans la classe, l'élève de plus petite taille mesure 140 cm. Quelle est la taille de l'élève le plus grand ?

....

....

c) Dans la classe, combien d'élèves mesurent 162 cm ou plus ?

....

....

d) Calculez la taille moyenne, en centimètre, arrondie au millimètre des élèves de cette classe.

....

....

Exercice 17

Voici un graphique présentant le nombre d'apiculteurs en France métropolitaine :

Nombre d'apiculteurs en France Métropolitaine en 2016 et 2017

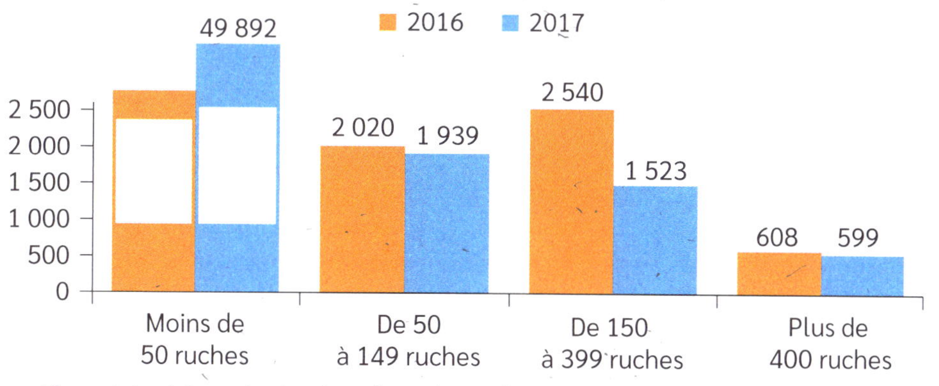

Source : Observatoire de la production de miel et gelée royale FranceAgriMer 2018 d'après la déclaration DGAL

a) 1. Donnez le nombre d'apiculteurs qui possédaient entre 150 ruches et 399 ruches en France métropolitaine en 2017.

....

....

2. Donnez le nombre total d'apiculteurs en 2017 en France métropolitaine.

....

....

3. Donnez le nombre d'apiculteurs qui possédaient entre 50 ruches et 399 ruches en France métropolitaine en 2016.

....

....

b) 1. Expliquez pourquoi la partie du diagramme concernant les apiculteurs possédant moins de 50 ruches n'est pas représenté de la même façon que les autres parties.

....

....

2. Pour les apiculteurs ayant moins de 50 ruches, le pourcentage d'augmentation entre 2016 et 2017 a été de 10,4 %. Calculez le nombre d'apiculteurs en 2016 dans cette catégorie.

....

....

c) Calculer le pourcentage d'évolution du nombre d'apiculteurs possédant au moins 150 ruches de 2016 à 2017, on arrondira le résultat au dixième d'unité de pourcentage.

....

....

....

Exercice 18

Pour gérer son parc d'éoliennes, un exploitant procède à des relevés de la vitesse du vent sur l'une d'entre elles. Durant l'année 2019, ces relevés ont été effectués toutes les minutes.

a) Combien de relevés ont été réalisés en 2019 ?

....

b) Le tableau suivant donne plusieurs résultats statistiques issus de ces relevés :

Étendue	Médiane	Moyenne	Maximum
23 m/s	14,3 m/s	13 m/s	24 m/s

On précise qu'une éolienne de ce parc :
– tourne dès que la vitesse du vent atteint 3 m/s,
– a sa puissance électrique stabilisée dès que la vitesse du vent atteint 13 m/s,
– s'arrête dès que la vitesse du vent est supérieure à 25 m/s.

1. Le gérant prétend que les éoliennes de son parc n'ont pas fonctionné continuellement durant l'année 2019. A-t-il raison ? Pourquoi ?

....

....

2. Peut-il affirmer que les éoliennes ont délivré une puissance électrique stabilisée pendant au moins la moitié du temps ? Pourquoi ?

....

....

....

Exercice 19

Un professeur a donné un contrôle commun à trois de ses classes. Avant de rendre les copies à ses élèves, il a fait quelques calculs statistiques à partir de leurs notes.

a) Pour la classe A qui compte 24 élèves, il a relevé les informations suivantes :

Note minimale	Médiane	Moyenne	Étendue
5	11	12	14

Dites si chacune des affirmations ci-dessous est vraie ou fausse, en justifiant les réponses. Entourez la bonne réponse.

1. « La note maximale est 20. »
vrai faux

....

2. « Si on enlève une copie avec la note maximale et une copie avec la note minimale, la moyenne des notes restantes augmente. »
vrai faux

....

3. « Au moins la moitié des élèves ont une note de 12 ou plus. »
vrai faux

....

b) La classe B compte 16 filles et 11 garçons. À ce contrôle, la moyenne des filles est de 11,7 et celle des garçons de 10,3. Quelle est la moyenne des notes des élèves de la classe B à ce contrôle ? Arrondissez le résultat au dixième.

....

....

....

c) La classe C compte 32 élèves. Le professeur a calculé la moyenne des notes des élèves des deux classes A et C. Cette moyenne est de 11,2. Quelle est la moyenne des notes des élèves de la classe C à ce contrôle ?

....

....

....

Exercice 20

La répartition de l'âge des membres d'un club d'aviron est donnée par le graphique ci-dessous :

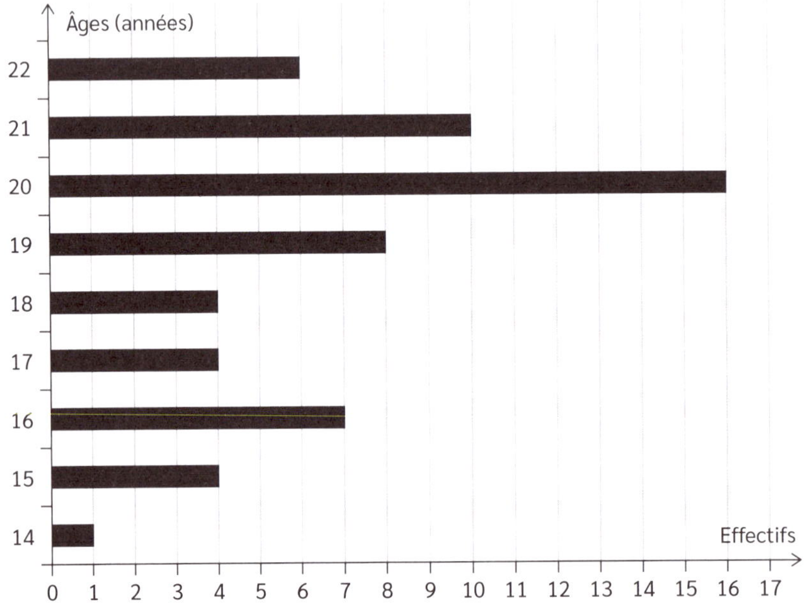

a) Déterminez l'âge médian des membres du club.

....

b) Quel est le pourcentage, arrondi à l'unité, de membres du club qui ont moins de 18 ans ?

....

Exercice 21

Les 27 élèves d'une classe ont fait germer une graine chacun. Les hauteurs des pousses obtenues, arrondies au centimètre près, sont regroupées dans le tableau suivant.

Hauteur en cm	1	3	7	10	11	13	15	19	20
Effectif	1	3	6	2	3	3	5	2	2

Les élèves ont déterminé la moyenne et la médiane de cette série. Un nouvel élève arrive avec sa pousse. On intègre la hauteur de sa pousse, arrondie au centimètre, dans la série. Pour chaque affirmation, indiquez si elle est vraie ou fausse et justifiez.

a) Affirmation 1 : « Quelle que soit la hauteur de sa pousse, arrondie au centimètre près, la médiane de la nouvelle série est la même que précédemment. »

....

....

b) Affirmation 2 : « L'information "L'ajout de la hauteur de la nouvelle pousse, arrondie au centimètre, dans la série fait augmenter la moyenne de 0,25 cm" permet de retrouver la hauteur, arrondie au centimètre près, de la pousse ajoutée. »

....

....

Exercice 22

Ce tableau présente la hauteur, en millimètre, des précipitations journalières au cours du mois d'avril 2016, sur l'aéroport Roland Garros de l'île de La Réunion.

Hauteur des précipitations (en millimètre)	0	0,3	1,3	1,7	2,5	7	13	21	28	42
Nombre de jours	4	6	4	4	3	3	2	1	2	1

a) Calculez la valeur moyenne des précipitations journalières au cours du mois d'avril 2016, arrondie au dixième de millimètre.

....

b) Déterminez la valeur médiane de ces précipitations journalières. Interprétez ce résultat par une phrase.

....

c) Quelle est l'étendue de cette série ?

....

d) Déterminez le nombre de jours où la hauteur des précipitations est supérieure ou égale à 13 mm, puis exprimez ce nombre en pourcentage par rapport au nombre de jours dans le mois.

....

....

e) Sachant qu'une des pistes de décollage de l'aéroport Roland Garros est rectangulaire et mesure 3 200 m de long et 50 m de large, calculez, en mètre cube, puis en litre, le volume de pluie tombé sur cette piste au cours du mois d'avril 2016.

....

....

....

Exercice 23

Quatre-vingts archers d'un club de tir à l'arc A ont participé à un championnat. Le nombre de points obtenus par chaque archer du club est donné par le diagramme ci-dessous.

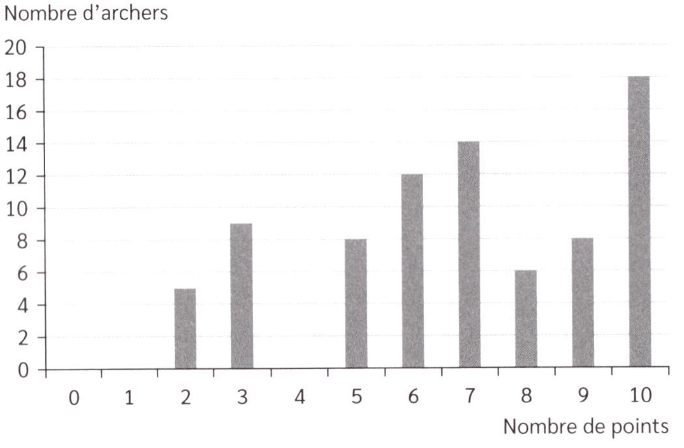

a) Répondez à l'aide du diagramme précédent aux questions suivantes.

1. Combien d'archers ont gagné exactement six points lors de ce championnat ?

....

2. Combien d'archers ont gagné trois points ou plus lors de ce championnat ?

....

3. Quel est le score médian des archers du club A ?

....

b) Le club de tir à l'arc voisin B a aussi participé à ce championnat. Voici quelques données relatives aux résultats des archers de ce club :

– Le score moyen des archers lors du championnat est 7 points.

– Le score moyen des dix meilleurs archers lors du championnat est 9,9 points.

1. Comparez les résultats des deux clubs selon leurs scores moyens.

....

....

2. Comparez les résultats des deux clubs selon les scores de leurs dix meilleurs archers.

....

....

☐ NIVEAU 3

Exercice 24

Célia s'entraîne à courir tous les jours de la semaine sur le même parcours.
Elle aimerait comparer ses résultats d'entraînement sur une semaine à ceux de sa sœur qui s'entraîne également sur le même parcours.

Résultats obtenus par Célia cette semaine :
Lundi : 33 min et 12 s
Mardi : 32 min et 4 s
Mercredi : 40 min et 25 s
Jeudi : 27 min et 11 s
Vendredi : 30 min
Samedi : 26 min et 38 s
Dimanche : 29 min et 1 s

Résultats obtenus par sa sœur cette semaine :
Moyenne : 31 min et 13 s
Médiane : 30 min
Étendue : 3 min

a) Comparez les durées moyennes de course.

....

....

....

b) Comparez les durées médianes de course.

....

....

....

c) Avec les informations ci-dessus, Célia affirme « Je suis la seule de nous deux à avoir réussi à effectuer ce parcours en moins de 28 minutes cette semaine ». Cette affirmation est-elle vraie ? Entourez la bonne réponse et justifiez. vrai faux

....

....

....

d) Avec les informations ci-dessus, sa sœur lui répond « Moi, j'ai été la plus régulière de nous deux sur la semaine ». Expliquez ce commentaire.

....

....

....

CORRIGÉS

☑ NIVEAU 1

Exercice 1

a)

Réponse : b) 14,68

$$\frac{6\times 10+8\times 12+12\times 17+5\times 19}{6+8+12+5}=\frac{455}{31}\text{, soit } 14{,}68$$

b)

Réponse : d) 17

L'effectif total est égal à 31. La médiane est donc la valeur de rang $\frac{31+1}{2}=16$.
La valeur de rang 16 est 17, d'où $Me = 17$.

c)

Réponse : c) 5

L'écart interquartile est $Q_3 - Q_1$.

Q_1 est la valeur de rang $\frac{31}{4} = 7{,}75$, soit la valeur de rang 8. On a donc $Q_1 = 12$.

Q_3 est la valeur de rang $\frac{3}{4}\times 31 = 23{,}25$, soit le rang 24. On a donc $Q_3 = 17$.

On en déduit que l'écart interquartile est égal à 17 – 12, soit 5.

Exercice 2

Réponse : a) 17/20

Si x est la note du quatrième candidat, on a alors $\frac{10+11+13+x}{4} = 12{,}75$.
Soit $x = 4\times 12{,}75 - (10 + 11 + 13)$ d'où $x = 17$.

Exercice 3

Réponse : c) 20

La somme des nombres est égale à $8\times 13 = 104$.
Si x est le nombre retiré, alors le nouveau calcul de la moyenne est $\frac{104-x}{7} = 12$, car il ne reste plus que 7 nombres.
On en déduit que $x = 20$.

Exercice 4

Réponse : d) 16

Le total des points obtenu par les 15 élèves présents est égal à $15\times 12 = 180$.

Si x est la note obtenue par le 16e élève, alors $\frac{180+x}{16} = 12{,}25$.
On en déduit que $x = 16$.

Exercice 5

Réponse : b) 12

L'étendue e d'une série statistique est la différence entre la valeur maximale et la valeur minimale.

On a donc $e = 15 - 3 = 12$.

Exercice 6

Réponse : c) 2

On ordonne la série dans un ordre croissant.

1,7 ; 1,7 ; 1,8 ; 1,8 ; 1,9 ; 1,9 ; 1,9 ; 2 ; 2 ; 2 ; 2 ; 2,2 ; 2,2 ; 2,2 ; 2,4.

La médiane est la valeur de rang $\frac{15+1}{2} = 8$, soit $Me = 2$.

Exercice 7

Réponse : b) la modalité ayant le plus grand effectif.

Exercice 8

Réponse : Vrai

En augmentant toutes les notes de 1 point, le nombre de valeurs reste inchangé.

La médiane est donc la valeur de même rang majorée de 1 point.

Exercice 9

Réponse : c) 12

L'effectif total est égal à 21. Q_3 est la valeur de rang $\frac{3}{4} \times 21 = 15{,}75$, soit la valeur de rang 16.

On a $Q_3 = 12$.

Exercice 10

a) 1. Le niveau moyen de bruit sur la période étudiée est :

$$\overline{x} = \frac{2 \times 50 + 52 + 55 + 56 + 2 \times 64 + 65 + 73 + 2 \times 74 + 79}{12} = \frac{756}{12} = 63.$$

2. Les valeurs extrêmes sont 50 pour la valeur minimale et 79 pour la valeur maximale.

L'étendue est alors $e = 79 - 50 = 29$.

3. La médiane est la valeur de la variable séparant la série en deux séries de même effectif.

Comme l'effectif total est 12, entier pair, la médiane est la moyenne des valeurs de rang 6 et 7 respectivement égales à 64 et 64. D'où $Me = \frac{64 + 64}{2} = 64$.

Le premier quartile Q_1 est la valeur dont le rang est le plus petit entier supérieur ou égal $\frac{N}{4} = \frac{12}{4} = 3$, valeur de rang 3, soit $Q_1 = 52$.

Le troisième quartile est la valeur dont le rang est le plus petit entier supérieur ou égal à $\frac{3}{4}N = \frac{3}{4} \times 12 = 9$, valeur de rang 9, soit $Q_3 = 73$.

L'écart interquartile est $Q_3 - Q_1 = 73 - 52 = 21$.

b) 1.

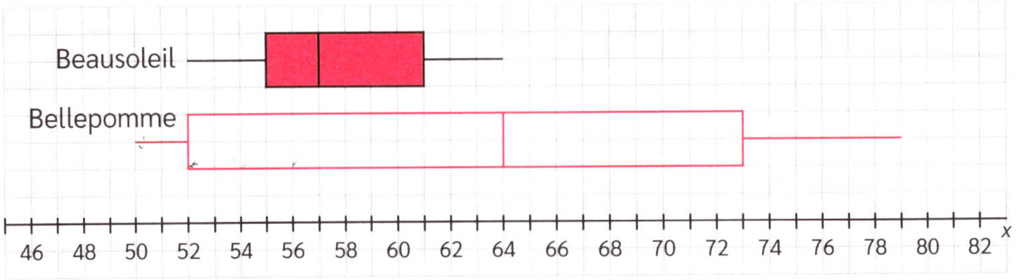

2. Le niveau sonore est moins dispersé, donc plus constant dans la rue Beausoleil que dans la rue Bellepomme, car l'étendue y est plus réduite. Le niveau sonore dans la rue Beausoleil est plus faible que celui de la rue Bellepomme, car la médiane et la valeur maximale y sont plus petites.

Réponse : À l'aide des différentes données, on peut affirmer que les habitants de la rue Beausoleil jouissent d'un meilleur cadre de vie sur le plan sonore.

Exercice 11

Réponse : c) 59,4

Note	[38 ; 44[	[44 ; 50[	[50 ; 56[	[56 ; 62[	[62 ; 68[	[68 ; 74[	[74 ; 80[	Total
x_i	41	47	53	59	65	71	77	
n_i	7	8	15	25	18	11	6	90
$n_i\,x_i$	287	376	795	1 475	1 170	781	462	5 346

Exercice 12

Réponse : c) 20

Comme l'effectif total N est pair, alors la médiane est la moyenne des valeurs de rang $\frac{N}{2}$ et de rang $\frac{N}{2}+1$. La médiane est donc la moyenne des valeurs de rang 50 et de rang 51.

On en déduit que la médiane est égale à 20.

Âges	18	19	20	21	22	23	24
Effectifs	14	15	35	21	8	6	1
Effectifs cumulés croissants	14	29	64	85	93	99	100

Exercice 13

Réponse : vrai.

En effet, supposons que l'effectif total soit égal à n alors la somme totale des valeurs est égale à $5n$. Si on ajoute 5 alors l'effectif total est égal à $n + 1$ et la somme totale des valeurs est égale à $5n + 5$, soit $5(n + 1)$.

La moyenne est donc égale à $\frac{5(n+1)}{n+1}$, soit 5, moyenne inchangée.

Exercice 14

a) La proportion en pourcentage de personnes préférant le flacon cylindrique est égale à :

$\frac{109}{82+109+47} \times 100 = \frac{109}{238} \times 100$, soit environ 46 %.

b) La mesure de l'angle, arrondie au degré, du secteur représentant le nombre de personnes ayant choisi le flacon de forme cylindrique est égale à : 46 % × 360°, soit 166°.

(ou plus précisément $\frac{109}{238} \times 360°$, ce qui donnerait 165°)

Exercice 15

a) Le nombre total de votants est égal à 12 + 60 + 18, soit 90 votants.

Le modèle A a recueilli $\frac{12}{90} \times 100$, soit 13 % des voix,

Le modèle B a recueilli $\frac{60}{90} \times 100$, soit 67 % des voix,

Le modèle C a recueilli $\frac{18}{90} \times 100$, soit 20 % des voix.

b) 1. La consommation annuelle totale était de 10 500 m^3, pour 90 foyers.

La consommation moyenne annuelle est donc égale à : $\frac{10\,500 \text{ m}^3}{90}$, soit 116,67 m^3 environ.

2. La consommation annuelle estimée du hameau intégrant les nouveaux logements est donc égale à 10 500 m^3 + 17 × 116,67 m^3, soit 12 483 m^3, ou $\frac{10\,500}{90} \times (90 + 17) = \frac{10\,500}{90} \times 107$, soit 12 483 m^3.

NIVEAU 2

Exercice 16

a) Rangeons les tailles des treize filles dans un ordre croissant :

142 149 150 152 155 157 159 160 161 161 163 165 167

La taille moyenne des filles est égale à :

$$\frac{142 + 149 + 150 + 152 + 155 + 157 + 159 + 160 + 2 \times 161 + 163 + 165 + 167}{13} = \frac{2\,041}{13},$$

soit 157 cm.

L'écart entre la taille moyenne des filles et la taille moyenne des garçons est de 157 − 159, soit un écart négatif de 2 cm.

Dans ce cas il est plus judicieux de calculer l'écart entre la taille moyenne des garçons et la taille moyenne des filles soit 159 − 157 = 2 cm.

b) L'élève de plus petite taille est nécessairement un garçon car la fille de plus petite taille mesure 142 cm.

Comme l'étendue de la taille des garçons est égale à 29 cm alors la plus grande taille des garçons est égale à 140 + 29, soit 169 cm.

169 cm est donc la taille de l'élève le plus grand. Cet élève est un garçon car la fille de plus grande taille mesure 167 cm.

c) Dans la classe il y a 28 − 13, soit 15 garçons.

La taille médiane des garçons est 161 cm, soit la taille de rang $\left(\frac{15+1}{2}\right)$ c'est-à-dire la 8e taille.

On en déduit que 7 garçons mesurent plus de 161 cm, car il n'y a pas deux garçons qui ont la même taille.

Comme trois filles mesurent plus de 161 cm alors dans la classe 7 + 3, soit 10 élèves mesurent 162 cm ou plus.

d) Attention la taille moyenne des élèves de la classe n'est pas égale à la moyenne des moyennes des tailles car le nombre de garçons est supérieur au nombre de filles.

La taille moyenne des élèves de la classe est donc égale à : $\frac{13 \times 157 + 15 \times 159}{28}$, soit 158,1 cm (arrondie au millimètre).

Exercice 17

a) 1. 1 523 apiculteurs possédaient entre 150 et 399 ruches en 2017.

2. Le nombre total d'apiculteurs en 2017 en France métropolitaine s'élevait à 49 832 + 1 939 + 1 523 + 599, soit 53 953 apiculteurs.

3. Le nombre d'apiculteurs qui possédaient entre 50 et 399 ruches en France métropolitaine en 2016 s'élevait à 2 020 + 2 540, soit 4 560 apiculteurs.

b) 1. La partie du diagramme concernant les apiculteurs possédant moins de 50 ruches n'est pas représentée de la même façon que les autres parties car l'unité choisie en ordonnée ne permet pas de placer l'effectif 49 892 car bien trop grand.

2. Comme le pourcentage d'augmentation entre 2016 et 2017 a été de 10,4 % alors le coefficient multiplicateur associé est donc 1,104.

Donc le nombre d'apiculteurs en 2016 était de $\frac{40\,892}{1{,}104}$, soit 37 039 à l'unité près par défaut.

c) 2 540 + 608, soit 3 148 apiculteurs possédaient au moins 150 ruches en 2016.

1 523 + 599, soit 2 122 apiculteurs possédaient au moins 150 ruches en 2017.

$$\text{Pourcentage d'évolution} = \frac{\text{Valeur finale} - \text{Valeur initiale}}{\text{Valeur initiale}} \times 100$$

On a donc $\frac{2\,122 - 3\,148}{3\,148} \times 100 = -32{,}6$ %, le signe – traduisant une baisse.

Le nombre d'apiculteurs possédant au moins 450 ruches en 2017 a donc baissé de 32,6 % par rapport à 2016.

Exercice 18

a) Une année compte 365 jours, 2019 n'étant pas une année bissextile.

Convertissons l'année en minutes correspondant au nombre de relevés réalisés en 2019 : $365 \times 24 \times 60$, soit 525 600 relevés.

b)

Étendue	Médiane	Moyenne	Maximum
23 m/s	14,3 m/s	13 m/s	24 m/s

1. L'étendue e est la différence entre la vitesse maximum V_{max} et la vitesse minimum V_{min}.

Comme $e = V_{max} - V_{min}$, on a alors $V_{min} = V_{max} - e$

d'où $V_{min} = 24 - 23$, soit 1 m/s. Il a donc été relevé une vitesse du vent inférieure à 3 m/s.

Le gérant a donc raison d'affirmer que les éoliennes n'ont pas fonctionné continuellement durant l'année 2019.

2. Une éolienne de ce parc a sa puissance stabilisée dès que sa vitesse au vent atteint 13 m/s.

Comme 14,3 m/s est la valeur médiane valeur supérieure à 13 m/s alors le gérant peut affirmer que les éoliennes ont délivré une puissance électrique stabilisée pendant au moins la moitié du temps.

En effet la médiane partage la série statistique en deux parties de même effectif. Ce qui signifie que la vitesse du vent a été supérieure à 14,3 m/s dans au moins $\frac{525\,600}{2}$, soit 262 800 relevés correspondant à la moitié du temps.

Exercice 19

a) 1. faux. Comme la note minimale est 5 et l'étendue 14 alors la note maximale est 19.
2. faux. Si on enlève une copie avec la note maximale et une copie avec la note minimale alors la moyenne des notes restantes diminue.
3. faux. La note médiane est 11. En effet, la moitié des élèves ont donc une note de 11 ou plus et non pas de 12 ou plus.

b) La moyenne des notes de la classe B est la moyenne pondérée de la moyenne des filles et de celle des garçons. On a donc pour la classe B une moyenne des notes égale à :
$\frac{16 \times 11{,}7 + 11 \times 10{,}3}{16 + 11} = \frac{300{,}5}{27}$, soit une moyenne de 11,1.

c) Soit m la moyenne des notes de la classe C. L'effectif total des deux classes est de 24 + 32, soit 56 élèves.
Comme la moyenne des deux classes est de 11,2 alors m est la solution de l'équation :
$\frac{24 \times 12 + 32 \times m}{56} = 11{,}2$,
$32 \times m + 288 = 11{,}2 \times 56$, après un produit en croix. $32 \times m = 627{,}2 - 288$,
$m = \frac{339{,}2}{32}$, d'où $m = 10{,}6$.
Réponse : La moyenne des notes de la classe C est donc de 10,6.

Exercice 20

Âge	Effectif	Effectif cumulé croissant
14	1	1
15	4	5
16	7	12
17	4	16
18	4	20
19	8	28
20	16	44
21	10	54
22	6	60
Total	60	

a) L'effectif total est égal à : 60.
Comme l'effectif total est pair alors la médiane est la moyenne de la 30e et de la 31e valeur.
D'après les effectifs cumulés croissants les 30e et 31e valeurs sont égales à 20.
Réponse : L'âge médian est donc égal à 20 ans.

b) D'après le tableau des effectifs cumulés croissants on lit que 16 membres ont au plus 17 ans. Donc le pourcentage de membres du club qui ont moins de 18 ans est égal à : $\frac{16}{60} \times 100$, soit 27 %.

Exercice 21

a) Affirmation vraie.

Hauteur en cm	1	3	7	10	11	13	15	19	20
Effectif	1	3	6	2	3	3	5	2	2
Effectif cumulé croissant	1	4	10	12	15	18	23	25	27

Comme l'effectif total est impair alors la médiane est la $\frac{27+1}{2}$, soit la 14e valeur.

La médiane est donc égale à 11. (La 13e, 14e, et 15e valeur est égale à 11).
En intégrant une nouvelle hauteur, l'effectif total passe alors à 28.
La médiane sera donc la moyenne de la 14e et de la 15e valeur.
Que la pousse ait une hauteur inférieure à 11 ou une hauteur supérieure à 11 ce sont les deux possibilités alors la hauteur médiane sera toujours 11.

Hauteur = 10 cm

Hauteur en cm	1	3	7	10	**11**	13	15	19	20
Effectif	1	3	6	3	3	3	5	2	2
Effectif cumulé croissant	1	4	10	13	16	19	24	26	28

Hauteur = 13 cm

Hauteur en cm	1	3	7	10	**11**	13	15	19	20
Effectif	1	3	6	2	3	4	5	2	2
Effectif cumulé croissant	1	4	10	12	15	19	24	26	28

b) Affirmation vraie. La moyenne de cette série est :

$$\frac{1\times1+3\times3+7\times6+10\times2+11\times3+13\times3+15\times5+19\times2+20\times2}{27}=\frac{297}{27}\text{, soit 11 cm.}$$

Soit x la hauteur de la nouvelle pousse, arrondie au centimètre, ajoutée à la série. La hauteur moyenne de la nouvelle série dont l'effectif total passe à 28 est égale à 11,25 car cette dernière a augmenté de 0,25 cm. On a donc à résoudre l'équation suivante : $\frac{297+x}{28}=11{,}25$.

Effectuons un produit en croix : $297+x=28\times11{,}25$, $297+x=315$, $x=315-297$ d'où $x=18$.
L'affirmation 2 est donc vraie car l' information nous a permis de retrouver la hauteur de la pousse ajoutée qui est égale à 18 cm.

Exercice 22

a) La valeur moyenne des précipitations journalières est égale à :

$$\frac{4\times0+6\times0{,}3+4\times1{,}3+4\times1{,}7+3\times2{,}5+3\times7+2\times13+1\times21+2\times28+1\times42}{30}=\frac{187{,}3}{30}$$

Soit 6,2 mm au dixième près par défaut.

b) La médiane est la valeur de la hauteur des précipitations pour laquelle il y a autant de valeurs qui lui sont inférieures que de valeurs qui lui sont supérieures.
Comme l'effectif total, 30 est pair alors la médiane est la moyenne de la quinzième et de la seizième valeur.
Réponse : La médiane est donc égale à 1,7.

c) L'étendue d'une série statistique est la différence entre la valeur maximale et la valeur minimale, soit 42 – 0.
Réponse : L'étendue est donc égale à 42.
d) Le nombre de jours où la hauteur des précipitations est supérieure ou égale à 13 mm est égale à 2 + 1 + 2 + 1, soit 6 jours.
Réponse : Le nombre de jours exprimé en pourcentage par rapport au nombre de jours dans le mois est donc égal à $\frac{6}{30} \times 100$, soit 20 %.
e) Il est tombé 187,3 mm de pluie au cours du mois d'avril, soit 0,1873 m.
Le volume de pluie tombé sur cette piste au cours du mois d'avril 2016 est égal à $3\,200 \times 50 \times 0{,}1873$, soit 29 968 m^3.
Réponse : Comme 1 m^3 = 1 000 L alors le volume de pluie tombé est égal à 29 968 000 L.

Exercice 23
a) Les réponses sont directement lues sur le diagramme fourni.
1. 12 archers ont gagné exactement six points lors de ce championnat.
2. Comme 5 archers ont gagné moins de trois points alors 80 – 5 soit 75 archers ont gagné au moins trois points.
3. Comme l'effectif total 80 est pair alors le score médian est la moyenne du 40e score et du 41e score.
En cumulant les effectifs jusqu'au score 6 on obtient 5 + 9 + 8 + 12, c'est à dire les 34 premiers scores.
En ajoutant l'effectif du score 7 on obtient 34 + 14, soit 48.
Le 40e score et le 41e score sont égaux à 7.
On en déduit que le score médian est égal à 7.
b)
1. Le score moyen du club A est égal à :
$$\frac{5 \times 2 + 9 \times 3 + 8 \times 5 + 12 \times 6 + 14 \times 7 + 6 \times 8 + 8 \times 9 + 18 \times 10}{80} = \frac{547}{80}$$
soit un score moyen de 6,84 environ.
On en conclut que le score moyen du club B est supérieur à celui du club A.
2. Le score moyen des dix meilleurs archers du club A est égal à 10 points, soit un score moyen supérieur à celui du club B qui est de 9,9 points.

☑ NIVEAU 3

Exercice 24
a) Calculons la durée totale sur une semaine : (33 min 12 s) + (32 min 4 s) + (40 min 25 s) + (27 min 11 s) + 30 min + (26 min 38 s) + (29 min 1 s) = 217 min 91 s, soit une durée totale en seconde égale à $217 \times 60 + 91 = 13\,111$ s.
La durée moyenne de la course réalisée par Célia est donc égale à $\frac{13\,111}{7}$ s = 1 873 s.

La durée moyenne de la course de la sœur de Célia en seconde est égale à $(31 \times 60 + 13)$ s, soit 1 873 s.
Les deux sœurs ont donc réalisé des durées moyennes de course égales.
b) Il faut ranger les résultats obtenus par Célia dans l'ordre croissant afin de déterminer la médiane.
On a donc 26 min 38 s, 27 min 11 s, 29 min 1 s, 30 min, 32 min 4 s, 33 min 12 s, 40 min 25 s.
Comme l'effectif total est impair alors la médiane est la valeur de rang $\frac{7+1}{2}$, soit la 4e valeur.
La durée médiane de course de Célia est donc égale à 30 min.
Réponse : Les deux soeurs ont donc des durées médianes de course égales.
c) faux. Les durées moyennes et médianes des deux sœurs sont égales.
La médiane nous indique seulement qu'il y a 50 % des valeurs qui lui sont inférieures.
On peut affirmer que la sœur de Célia a réalisé 3 parcours dont la durée est inférieure à 30 min. Ces durées pouvant être toutes inférieures à 27 min.
L'affirmation de Célia est donc fausse.
d) L'affirmation de la sœur de Célia est exacte.
Les deux séries statistiques ont la même moyenne et la même médiane.
Comparons leur étendue.
L'étendue d'une série statistique est la différence entre la valeur maximale et la valeur minimale.
En effet si on calcule l'étendue des résultats obtenus par Célia on a :
Étendue = (40 min 25 s) – (26 min 38 s)
Étendue = (39 min 85 s) – (26 min 38 s)
d'où Étendue = 13 min 47 s
L'étendue des résultats de la sœur de Célia est égale à 3 min, valeur nettement inférieure à l'étendue des résultats de Célia qui est de 13 min 47 s.
On en déduit que la sœur de Célia a été la plus régulière des deux.

PARTIE 9

PROBABILITÉS

EXERCICES

☐ NIVEAU 1

Exercice 1

On a deux dés tétraédriques équilibrés. Le dé rouge est numéroté 1, 2, 3, 4 et le dé noir est numéroté 2, 4, 6, 8. On lance les deux et on fait la somme des chiffres visibles. Calculez la probabilité que la somme obtenue soit un multiple de 3.

....

....

Exercice 2

On range sur une table une salière, un poivrier et un moutardier.
Calculez la probabilité pour que le poivrier soit placé entre la salière et le moutardier.

....

....

Exercice 3

Une urne contient dix boules numérotées de 1 à 10. On tire une boule de l'urne, les tirages étant équiprobables.

Calculez la probabilité de l'événement suivant : « La boule tirée porte un numéro multiple de 4 ».

....

....

Exercice 4

Une urne contient quatre boules vertes et deux boules noires, indiscernables au toucher. On prélève au hasard une boule de l'urne. Quelle est la probabilité d'obtenir une boule verte ? Entourez la bonne réponse :

a) $\frac{2}{3}$ b) $\frac{1}{2}$ c) $\frac{1}{6}$

Exercice 5

On lance deux dés cubiques équilibrés et on lit la somme des résultats des faces supérieures. Quelle est la probabilité d'obtenir « 7 » ? Entourez la bonne réponse :

a) $\frac{1}{6}$ b) $\frac{1}{12}$ c) $\frac{7}{36}$

Exercice 6

Une urne contient des jetons ronds ou carrés de couleur bleue, verte ou jaune. Il y a 11 jetons bleus dont 2 sont ronds ; 6 des 13 jetons verts sont ronds et 8 des 16 jetons jaunes sont carrés. Quelle est la probabilité de tirer un jeton carré de couleur verte ?

....

....

☐ NIVEAU 2

Exercice 7

Dans une école, les élèves pratiquent la musique ou le théâtre. Il y a 60 % de filles, dont 80 % pratiquent la musique. 30 % des garçons pratiquent le théâtre. On désigne un élève au hasard. Quelle est la probabilité qu'il pratique la musique ?

....

....

Exercice 8

On lance deux fois de suite une pièce de monnaie truquée. La probabilité d'avoir face est $P(F) = 0{,}4$. Calculez la probabilité d'avoir deux fois face, puis au moins une fois face.

....

....

....

Exercice 9

Dans une école, les élèves peuvent pratiquer le rugby ou le football. 25 % des élèves pratiquent le rugby (R), 60 % pratiquent le football (F) et 12 % pratiquent les deux sports. La probabilité qu'un élève ne pratique aucun sport est égale à :

a) 0,73 b) 0,27 c) 0,15

....

Exercice 10

On lance une pièce de monnaie équilibrée trois fois de suite. Quelle est la probabilité d'obtenir trois « pile » ? Entourez la bonne réponse :

a) 0,5 b) 0,125 c) 0,975

Exercice 11

Une urne contient quatre boules vertes et deux boules noires, indiscernables au toucher. On y prélève successivement deux boules, sans remettre la première boule tirée dans l'urne. Quelle est la probabilité de prélever successivement deux boules vertes ? Entourez la bonne réponse :

a) $\frac{4}{9}$ b) $\frac{2}{5}$ c) $\frac{1}{36}$

Exercice 12

On considère l'expérience aléatoire qui consiste à lancer deux fois de suite une pièce de monnaie parfaitement équilibrée. La probabilité d'obtenir pile à l'un des deux lancers et face à l'autre est $\frac{1}{3}$. Est-ce exact ? Entourez la bonne réponse :

vrai faux

Exercice 13

Simon lance deux dés équilibrés à six faces, numérotées 1, 2, 3, 4, 5 et 6, puis il additionne les deux nombres obtenus. Il prétend qu'il a autant de chances d'obtenir une somme égale à 7, qu'une somme égale à 6. Est-ce exact ? Entourez la bonne réponse :

vrai faux

Exercice 14

On joue à un jeu nécessitant deux dés différents. Le premier dé est un tétraèdre régulier à 4 faces ; une face est rouge, une est bleue et les deux autres sont jaunes. Le deuxième est un dé cubique à 6 faces numérotées de 1 à 6. On suppose les deux dés bien équilibrés. On lance en premier le dé tétraédrique et on note la couleur de la face sur laquelle il repose. Puis on lance le dé à 6 faces et on note le numéro porté sur la face de dessus.

a) Calculez la probabilité d'obtenir la couleur rouge sur le dé tétraédrique et 4 sur l'autre dé.

b) Calculez la probabilité d'obtenir la couleur jaune sur le dé tétraédrique et un nombre impair sur l'autre dé.

....

....

....

Exercice 15

Amy dispose d'un cadenas dont la combinaison est un code à quatre chiffres. Chaque chiffre peut prendre une valeur de 0 à 6.

a) Combien y a-t-il de codes possibles ?

....

....

b) On forme un code au hasard. Quelle est la probabilité que les deux premiers chiffres soient 2 et 5 ?

....

....

Exercice 16

Une urne contient cinq boules numérotées de 1 à 5. On effectue trois tirages successifs sans remise d'une boule. On peut ainsi former un nombre de trois chiffres. Tous les tirages sont équiprobables. Quelle est la probabilité d'obtenir un multiple de 5 ?

....

....

Exercice 17

Rémi joue avec un dé truqué. Il sait qu'il a la même probabilité d'obtenir 1, 2, 3, 4 ou 5. Il sait également que la probabilité d'obtenir 6 est de $\frac{1}{2}$. Rémi lance le dé.

a) Quelle est la probabilité qu'il obtienne 3 ?

....

....

b) Quelle est la probabilité d'obtenir un nombre pair ?

....

....

c) Rémi souhaite obtenir un résultat strictement supérieur à 4. A-t-il intérêt à utiliser son dé truqué ou un dé équilibré ? Justifiez.

....

....

d) Rémi doit lancer son dé truqué et un dé équilibré. Le résultat obtenu sera la somme des résultats obtenus sur chaque dé.

1. Quelle est la probabilité qu'il obtienne 12 ?

....

....

2. Quelle est la probabilité qu'il obtienne 10 ?

....

....

Exercice 18

Pour chacune des affirmations suivantes indiquez, en le justifiant, si elle est vraie ou fausse. Entourez la bonne réponse. :

a) On lance trois fois une pièce non truquée. On obtient trois fois pile.

Affirmation 1 : « La probabilité d'obtenir face au quatrième lancer est 0,5. »

vrai faux.

b) On dispose de deux urnes. Dans chacune d'entre elles, il y a trois boules rouges et une boule verte ; ces boules sont indiscernables au toucher. On tire une boule dans une urne et une boule dans une autre.

Affirmation 2 : « La probabilité d'obtenir deux boules vertes est $\frac{1}{4} + \frac{1}{4}$ soit $\frac{1}{2}$ »

vrai faux.

c) On lance deux dés équilibrés à six faces numérotées de 1 à 6 et on fait la somme des nombres obtenus sur les faces supérieures.

Affirmation 3 : « La probabilité d'obtenir 3 est égale à celle d'obtenir 2. »

vrai faux.

Exercice 19

Lors d'un vide-grenier, les organisateurs proposent aux visiteurs d'acheter des tickets de tombola.

Le prix d'un ticket est fixé à 2 euros. 4 000 tickets ont été imprimés et vendus. Les lots ont tous été achetés par les organisateurs.

La répartition des tickets et des lots est donnée par l'extrait de tableur suivant :

Nombre de tickets gagnants	Lots	Valeur du lot
1	Téléviseur	899 €
5	Lecteur Blu-ray	250 €
10	Smartphone	125 €
14	Bracelet connecté	59 €
30	Grille-pain	15 €
100	Peluche	0,50 €
	Ticket perdant	0 €

Isabelle achète un ticket de tombola.

a) Vérifiez que la probabilité qu'elle gagne un lot est de 0,04.

....

....

b) Quelle est la probabilité qu'Isabelle gagne une peluche ? Donnez la réponse sous la forme d'une fraction irréductible, puis d'un pourcentage.

....

....

c) Déterminez la probabilité qu'elle gagne un lot dont la valeur est au moins de 100 €.

....

....

d) En ne considérant que les tickets gagnants, calculez la valeur moyenne d'un lot. On donnera la valeur arrondie au centime.

....

....

e) On considère que l'achat des lots est le seul coût engagé. Quelle somme d'argent a rapporté cette tombola ?

....

....

f) L'organisateur de la tombola propose un deuxième tirage aux personnes ayant obtenu un ticket perdant. Il leur est proposé de choisir une carte parmi trois. Une de ces trois cartes permet de gagner un lot publicitaire. Quelle est la probabilité qu'une personne ayant acheté un ticket gagne un lot publicitaire ?

....

....

Exercice 20

Dans une loterie, 300 billets sont vendus et il y a 37 billets gagnants. Les autres billets sont des billets perdants. Parmi les 37 billets gagnants :
- 2 de ces billets permettent de gagner une télévision ;
- 5 permettent de gagner un bon de réduction de 100 € ;
- 10 permettent de gagner un bon de réduction de 50 € ;
- 20 permettent de gagner un porte-clés ;

a) Quelle est la probabilité de gagner une télévision si l'on achète un billet ?

....

....

....

b) Quelle est la probabilité de gagner un bon de réduction (peu importe la somme) si l'on achète un billet ?

....

....

....

c) En plus de l'achat des bons de réduction dans plusieurs magasins, l'organisateur de la loterie dépense 500 € pour chaque télévision et 0,50 € pour chaque porte-clés.

1. À quel prix doit-il vendre les billets de loterie, pour être sûr que ce jeu ne lui fera pas perdre d'argent ?

....

....

....

2. S'il souhaite vendre chaque billet 2 €, combien doit-il rajouter de billets perdants (en ne modifiant pas le nombre de billets gagnants et les lots correspondants) pour être assuré que ce jeu ne lui fera pas perdre d'argent ?

....

....

....

....

☐ NIVEAU 3

Exercice 21

Une urne contient des boules de couleurs différentes indiscernables au toucher. Le nombre de boules de chaque couleur dans cette urne est indiqué sur le diagramme ci-contre :

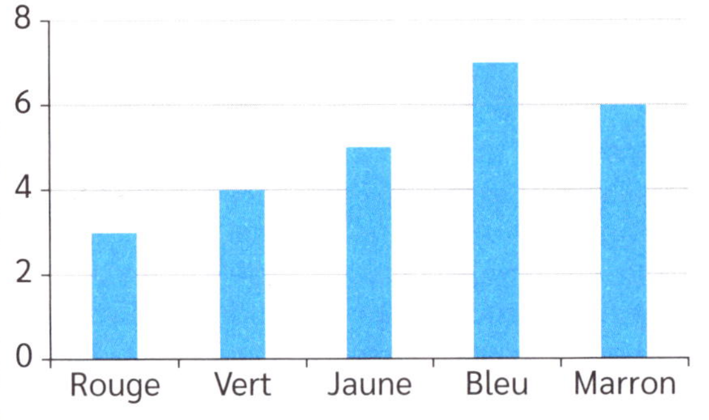

a) On tire au hasard une boule dans l'urne. On regarde sa couleur et on la remet dans l'urne. Quelle est la probabilité que la boule tirée soit bleue ?

....

....

b) On souhaite que la probabilité de tirer une boule bleue soit supérieure ou égale à 0,4. Combien de boules bleues doit-on ajouter au minimum dans l'urne avant le tirage pour qu'il en soit ainsi ?

....

....

....

c) On considère à nouveau l'urne dont la composition est donnée par le diagramme ci-dessus. Combien de boules rouges doit-on ajouter au minimum dans l'urne avant le tirage pour que la probabilité d'obtenir une boule bleue à l'issue d'un tirage au hasard d'une boule soit inférieure ou égale à 0,2 ?

....

....

....

Exercice 22

Kelly et Mourad ont chacun un dé cubique équilibré. Les faces de leurs dés sont soit rouges, soit bleues. Le dé de Mourad a 5 faces rouges et 1 face bleue. Chacun lance son dé.

- Si les deux faces supérieures sont de la même couleur, alors c'est Mourad qui gagne.

- Si les deux faces supérieures sont de couleurs différentes, alors c'est Kelly qui gagne.

<u>Kelly et Mourad se posent la question suivante</u> : Est-il possible de colorier les faces du dé de Kelly de sorte que les deux joueurs aient la même probabilité de gagner ?

a) Kelly propose de colorier 4 faces de son dé en rouge et 2 en bleu.

1. Démontrez que la probabilité que Mourad gagne est dans ce cas égale à $\frac{11}{18}$.

2. Le coloriage proposé permet-il de répondre affirmativement à la question que Kelly et Mourad se posent ? Entourez la bonne réponse et justifiez : oui non

b) On appelle x le nombre de faces coloriées en rouge sur le dé de Kelly.
1. Montrez que la probabilité que Mourad gagne est égale à $\frac{2x+3}{18}$.

2. Déterminez la valeur de x pour répondre à la question que Kelly et Mourad se posent.

Exercice 23
Une puce se déplace sur un axe gradué.
Elle part du point d'abscisse 0 et, à chaque seconde, saute de façon aléatoire et équiprobable soit d'une unité vers la droite soit d'une unité vers la gauche.

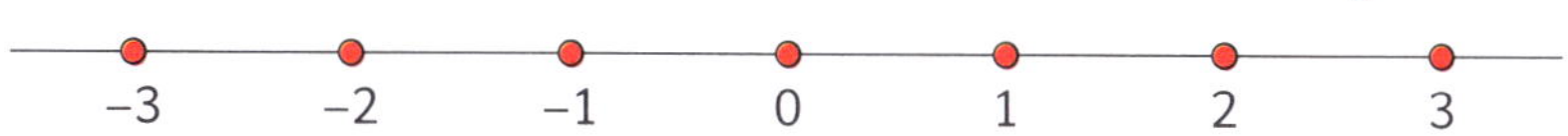

Au bout de 3 secondes, quelle est la probabilité que la puce soit :

a) Au point d'abscisse 0 ?
b) Au point d'abscisse 1 ?
c) Au point d'abscisse 2 ?
d) Au point d'abscisse 3 ?

Justifiez vos réponses.

Exercice 24

Une urne contient 5 boules blanches et 5 boules noires. On tire, avec remise, une boule au hasard, *n* fois de suite (avec $n > 1$).

Quelle est la probabilité d'obtenir des boules de couleurs différentes ? Entourez la bonne réponse et justifiez :

a) $1 - \frac{1}{2^n}$ b) $1 - \frac{1}{2^{n-1}}$ c) $1 - \frac{1}{2^{2n}}$

....

....

CORRIGÉS

☑ NIVEAU 1

Exercice 1

Dressons un tableau à double entrée, en portant sur la ligne le résultat possible du dé rouge et sur la colonne le résultat possible du dé noir. On écrit dans chaque case la somme correspondante.

	1	**2**	**3**	**4**
2	3	4	5	6
4	5	6	7	8
6	7	8	9	10
8	9	10	11	12

On a 4×4, soit 16 cas possibles. On a 6 multiples de 3 soit 6 cas favorables.

Donc la probabilité que la somme obtenue soit un multiple de 3 est : $\frac{6}{16} = \frac{3}{8}$.

Réponse : $\frac{3}{8}$

Exercice 2

Calculons le nombre de rangements possibles en utilisant un arbre. Il existe $3 \times 2 \times 1$, soit 6 rangements possibles. Les cas favorables sont : SPM ou MPS, soit deux cas favorables. Comme il y a 6 cas possibles, la probabilité que le poivrier soit placé entre la salière et le moutardier est $\frac{2}{6}$, soit $\frac{1}{3}$.

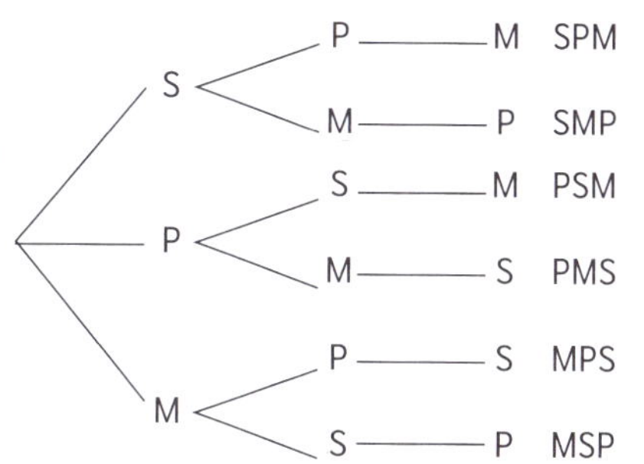

Réponse : $\frac{1}{3}$

Exercice 3

Le nombre de cas favorables à cet événement est 2.
En effet les multiples de 4 inférieurs à 10 sont : 4 et 8.
Le nombre de cas possibles est égal à 10 : les dix numéros.

Donc la probabilité de tirer un multiple de 4 est égale à $\frac{2}{10} = \frac{1}{5}$, soit 0,2.

Réponse : 20 %

Exercice 4

Réponse : a) $\frac{2}{3}$

Le nombre de cas favorables est 4, le nombre de cas possibles est 6. Donc $p = \frac{4}{6} = \frac{2}{3}$.

Exercice 5
Réponse : a) $\frac{1}{6}$

Il y a 36 résultats possibles. Listons tous les couples de nombres possibles dont la somme est « 7 » :
{(1 ; 6) ; (6 ; 1) ; (2 ; 5) ; (5 ; 2) ; (3 ; 4) ; (4 ; 3)}. Il y a 6 résultats possibles, donc la probabilité d'obtenir « 7 » est : $\frac{6}{36} = \frac{1}{6}$.

Exercice 6
On peut visualiser toutes les possibilités dans un tableau à double entrée.

	ronds	carrés	Total
bleus	2	9	11
verts	6	7	13
jaunes	8	8	16
Total	16	24	40

Réponse : $\frac{7}{40}$

NIVEAU 2

Exercice 7
Pour calculer la probabilité d'une expérience à plusieurs épreuves :
– construisez un arbre pondéré ;
– calculez la probabilité d'un trajet en effectuant le produit des probabilités des branches qui le composent ;
– calculez la probabilité d'un événement en effectuant la somme des probabilités de tous les trajets conduisant à cet événement.

On construit un arbre pondéré : l'événement musique est composé des trajets (F et M) ou (G et M) autrement dit l'événement M « pratiquer la musique » comprend les filles pratiquant la musique ou les garçons pratiquant la musique.
Musiciens = filles musiciennes ou garçons musiciens
P(Musiciens) = P(filles musiciennes) + P(garçons musiciens) (selon le théorème des probabilités totales)
Donc la probabilité de l'événement M, P(M) est égale à la somme des probabilités de ces trajets.

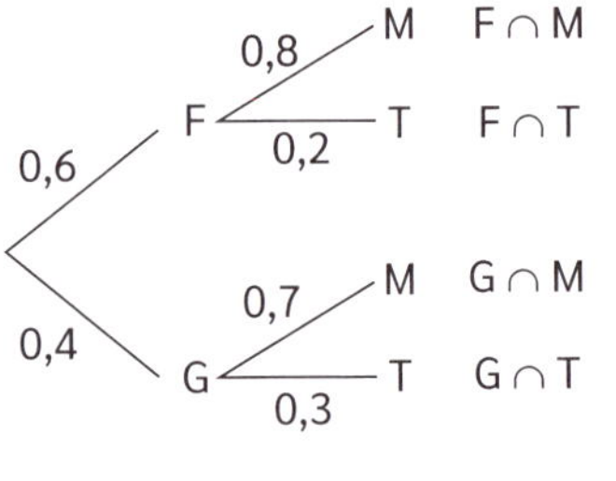

On a $P(F \cap M) = 0{,}6 \times 0{,}8 = 0{,}48$ et $P(G \cap M) = 0{,}4 \times 0{,}7 = 0{,}28$.
On en déduit $P(M) = P(F \cap M) + P(G \cap M)$, soit $P(M) = 0{,}48 + 0{,}28 = 0{,}76$.
Réponse : 76 %

Exercice 8

On construit un arbre pondéré :

La probabilité d'obtenir deux fois « face » est égale à : $P(F \cap F) = 0,4 \times 0,4 = 0,16$.

La probabilité d'obtenir au moins une fois « face » est égale à : $1 - P(P \cap P) = 1 - 0,36 = 0,64$, soit l'événement contraire d'obtenir deux fois « pile ».

Réponse : 64 %

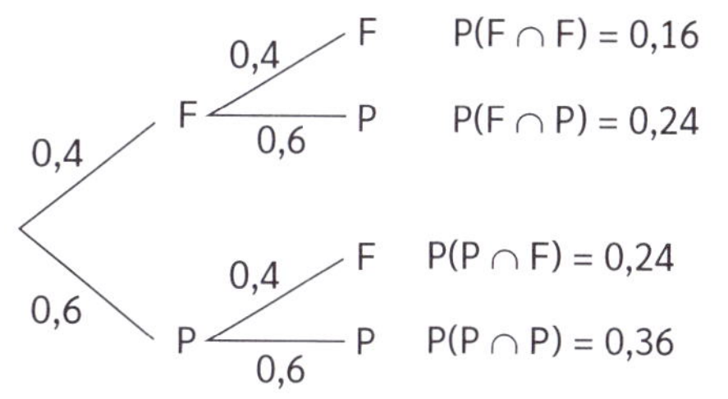

Exercice 9

Réponse : b) 0,27

On donne $P(R) = 0,25$; $P(F) = 0,60$; $P(R \cap F) = 0,12$.

On en déduit la probabilité que l'élève pratique au moins un sport :

$P(R \cup F) = P(R) + P(F) - P(R \cap F)$, soit $P(R \cup F) = 0,25 + 0,60 - 0,12 = 0,73$

Comme l'événement « l'élève ne pratique aucun sport » $\overline{R} \cap \overline{F}$ est l'événement contraire de l'élève pratique au moins un sport, $R \cup F$, alors $P(\overline{R} \cap \overline{F}) = 1 - P(R \cup F) = 1 - 0,73 = 0,27$.

Exercice 10

Réponse : b) 0,125

La probabilité d'obtenir pile est $\frac{1}{2}$ car la pièce est équilibrée.

On répète cette épreuve trois fois de suite. Comme on est en présence de trois événements indépendants, la probabilité d'obtenir trois « pile » est $\frac{1}{2} \times \frac{1}{2} \times \frac{1}{2} = \frac{1}{8}$, soit 0,125.

Ou plus simplement : comme la pièce est équilibrée on a $2 \times 2 \times 2$, soit 8 résultats possibles dont un seul est composé de trois « pile », d'où la probabilité d'obtenir trois « pile » est $\frac{1}{8}$, soit 0,125.

Exercice 11

Réponse : b) $\frac{2}{5}$

Il faut calculer la probabilité d'avoir une boule verte au premier tirage et une boule verte au deuxième tirage. La probabilité que la boule soit verte au premier tirage est $\frac{4}{6}$ et la probabilité qu'elle soit verte au deuxième tirage est $\frac{3}{5}$ (car le tirage est sans remise).

On a alors, $\frac{4}{6} \times \frac{3}{5} = \frac{12}{30}$, soit $\frac{2}{5}$.

Exercice 12

Réponse : faux

Comme la pièce est parfaitement équilibrée, la probabilité d'obtenir pile est égale à la probabilité d'obtenir face, soit $\frac{1}{2}$. On peut obtenir pile, puis face, avec une probabilité $\frac{1}{2} \times \frac{1}{2} = \frac{1}{4}$ et obtenir face, puis pile, avec la même probabilité égale à $\frac{1}{4}$. Donc la probabilité d'obtenir pile à l'un des deux lancers et face à l'autre est égale à $\frac{1}{4} + \frac{1}{4} = \frac{2}{4} = \frac{1}{2}$.

Autre raisonnement : en lançant une pièce de monnaie deux fois de suite on obtient 4 résultats possibles dont 2 correspondants à pile et face ou face et pile.

On a donc 2 cas favorables pour 4 cas possibles, soit une probabilité $\frac{2}{4} = \frac{1}{2}$.

Exercice 13

Réponse : faux

En lançant deux dés à six faces on obtient 36 résultats possibles : 6 résultats possibles pour le premier dé et 6 résultats possibles pour le second, soit $6 \times 6 = 36$.

Les résultats donnant une somme égale à 7 sont : (1 ; 6), (6 ; 1), (2 ; 5), (5 ; 2), (3 ; 4), (4 ; 3).

Donc la probabilité d'obtenir une somme égale à 7 est égale à $\frac{6}{36}$, soit $\frac{1}{6}$.

second dé \ Premier dé	1	2	3	4	5	6
1	2	3	4	5	6	7
2	3	4	5	6	7	8
3	4	5	6	7	8	9
4	5	6	7	8	9	10
5	6	7	8	9	10	11
6	7	8	9	10	11	12

Les résultats donnant une somme égale à 6 sont : (1 ; 5), (5 ; 1), (2 ; 4), (4 ; 2), (3 ; 3).

Donc la probabilité d'obtenir une somme égale à 6 est égale à $\frac{5}{36}$.

On en conclut que l'on a plus de chances d'obtenir une somme égale à 7 qu'une somme égale à 6.

On peut aussi, pour dénombrer tous les résultats possibles, utiliser un tableau à double entrée.

Exercice 14

a) La probabilité d'obtenir la couleur rouge sur le dé tétraédrique est égale à $\frac{1}{4}$ car ce dé a une seule face rouge.

La probabilité d'obtenir 4 sur le dé cubique est égale à $\frac{1}{6}$.

La probabilité d'obtenir la couleur rouge sur le dé tétraédrique et 4 sur l'autre dé est donc égale à $\frac{1}{4} \times \frac{1}{6}$, soit $\frac{1}{24}$.

Réponse : $\frac{1}{24}$

b) La probabilité d'obtenir la couleur jaune sur le dé tétraédrique est égale à $\frac{2}{4} = \frac{1}{2}$ car ce dé a deux faces jaunes.

La probabilité d'obtenir un nombre impair sur le dé cubique est égale à $\frac{3}{6} = \frac{1}{2}$.

La probabilité d'obtenir la couleur jaune sur le dé tétraédrique et un nombre impair sur l'autre dé est donc égale à $\frac{1}{2} \times \frac{1}{2} = \frac{1}{4}$.

Réponse : $\frac{1}{4}$

Exercice 15

a) On a 7 choix pour le premier chiffre, 7 choix pour le deuxième, 7 choix pour le troisième et 7 choix pour le quatrième, soit $7 \times 7 \times 7 \times 7 = 2\,401$.

Réponse : il y a 2 401 codes possibles.

b) Les deux premiers chiffres étant choisis, on n'a donc $1 \times 1 \times 7 \times 7$, soit 49 choix possibles pour les deux chiffres restants.

Donc la probabilité que les deux premiers chiffres soient 2 et 5 est égale à : $\frac{49}{2\,401}$, soit $\frac{1}{49}$.

Réponse : $\frac{1}{49}$

Autre raisonnement :

Nombre de combinaisons possibles : $7 \times 7 \times 7 \times 7 = 7^4$

Nombre de combinaisons favorables : $7 \times 7 = 7^2$

on a donc $\frac{\text{Nombre de cas favorables}}{\text{Nombre de possibles}} = \frac{7^2}{7^4} = \frac{1}{7^2} = \frac{1}{49}$.

Exercice 16

On a cinq choix possibles pour le premier chiffre.

Le premier chiffre étant choisi, on n'a plus que quatre choix possibles pour le deuxième chiffre et enfin trois choix possibles pour le troisième chiffre.

On a donc $5 \times 4 \times 3$, soit 60 tirages possibles.

Un multiple de 5 admet 5 pour chiffre des unités. Déterminons tous les multiples de 5.

On a quatre choix possibles pour le premier chiffre (le chiffre 5 étant exclu car il occupera la troisième position du nombre), puis trois choix possibles pour le deuxième et enfin un choix pour le troisième (le chiffre 5). Soit $4 \times 3 \times 1$, donc 12 tirages possibles. La probabilité d'obtenir un multiple de 5 est donc $\frac{12}{60}$, soit 0,2.

Réponse : 20 %

Exercice 17

a) Notons p_i la probabilité d'obtenir le nombre i.

Comme $p_6 = \frac{1}{2}$ alors $p_1 + p_2 + p_3 + p_4 + p_5 = 1 - p_6 = 1 - \frac{1}{2} = \frac{1}{2}$

De plus $p_1 = p_2 = p_3 = p_4 = p_5$. On en déduit que $p_1 + p_2 + p_3 + p_4 + p_5 = 5p_3 = \frac{1}{2}$

d'où $p_3 = \frac{1}{2 \times 5} = \frac{1}{10}$.

Réponse : La probabilité qu'il obtienne 3 est donc égale à $\frac{1}{10}$.

b) La probabilité d'obtenir un nombre pair est égale à $p_2 + p_4 + p_6 = \frac{1}{10} + \frac{1}{10} + \frac{1}{2}$ $= \frac{2}{10} + \frac{1}{2} = \frac{2}{10} + \frac{5}{10}$, soit $\frac{7}{10}$.

Réponse : $\frac{7}{10}$

c) La probabilité d'obtenir un résultat strictement supérieur à 4 avec son dé truqué est égale à $p_5 + p_6 = \frac{1}{10} + \frac{1}{2} = \frac{1}{10} + \frac{5}{10} = \frac{6}{10} = \frac{3}{5}$.

Avec un dé équilibré cette probabilité est égale à $p_5 + p_6 = \frac{1}{6} + \frac{1}{6} = \frac{2}{6} = \frac{1}{3}$.

On en déduit que Rémi a intérêt à utiliser son dé truqué car $\frac{3}{5} > \frac{1}{3}$.

d) 1. Un seul résultat donne une somme égale à 12 : obtenir un double 6.

Réponse : la probabilité d'obtenir une somme égale à 12 est $\frac{1}{2} \times \frac{1}{6} = \frac{1}{12}$.

2. Les résultats correspondant à une somme égale à 10 sont : {(5 ; 5), (4 ; 6), (6 ; 4)}.
Donc la probabilité d'obtenir une somme égale à 10 est :
$\frac{1}{10} \times \frac{1}{6} + \frac{1}{10} \times \frac{1}{6} + \frac{1}{2} \times \frac{1}{6} = \frac{2}{60} + \frac{1}{12} = \frac{2}{60} + \frac{5}{60}$, soit $\frac{7}{60}$.

Réponse : $\frac{7}{60}$

Exercice 18

a) **Réponse** : vrai
L'affirmation 1 est vraie car comme les événements sont indépendants et que la pièce est non truquée alors la probabilité d'obtenir face au quatrième lancer est bien 0,5.

b) **Réponse** : faux
L'affirmation 2 est fausse car la probabilité de tirer une boule verte dans une urne et une boule verte dans une autre est $\frac{1}{4} \times \frac{1}{4}$, soit $\frac{1}{16}$.

c) **Réponse** : faux
Les résultats donnant une somme égale à 3 sont {(1 ; 2) ;(2 ; 1)}, donc la probabilité d'obtenir 3 est $\frac{2}{36}$, soit $\frac{1}{18}$.
Le seul résultat donnant une somme égale à 2 est (1 ; 1), donc la probabilité d'obtenir 2 est $\frac{1}{36}$.
On a donc deux fois plus de chances d'obtenir une somme égale à 3 qu'une somme égale à 2.

Exercice 19

a) Comme il y a 4 000 tickets dont 160 tickets gagnants alors la probabilité qu'Isabelle gagne est $\frac{160}{4\,000}$, soit 0,04.
Réponse : 0,04

b) Comme il y a 100 tickets gagnant une peluche alors la probabilité qu'Isabelle gagne une peluche est $\frac{100}{4\,000} = \frac{1}{40}$, soit 2,5 %.
Réponse : 2,5 %

c) Comme il y a 1 + 5 + 10, soit 16 lots valant au moins 100 € alors la probabilité qu'Isabelle gagne un de ces lots est $\frac{16}{4\,000}$, soit 0,004.
Réponse : 0,004

d) En ne considérant que les tickets gagnants, la valeur moyenne d'un lot est :
$\frac{1 \times 899 + 5 \times 250 + 10 \times 125 + 14 \times 59 + 30 \times 15 + 100 \times 0{,}50}{160} = \frac{4\,725}{160}$ soit 29,53 €.
Réponse : 29,53 €

e) La tombola a rapporté $2 \times 4\,000 - 4\,725$, soit 3 275 €.
Réponse : 3 275 €

f) La probabilité qu'une personne ayant acheté un ticket gagne un lot publicitaire est la probabilité que cette personne perde au premier tirage, soit 1 – 0,04 = 0,96 et qu'elle gagne au second tirage, soit $\frac{1}{3}$.

On a donc une probabilité de $0,96 \times \frac{1}{3}$, soit 0,32.
Réponse : Cette personne a donc 32 % de chances de gagner un lot publicitaire.

Exercice 20
a) Comme il y a deux billets permettant de gagner une télévision et 300 billets au total alors la probabilité de gagner une télévision est égale à $\frac{2}{300}$, soit $\frac{1}{150}$.
Réponse : $\frac{1}{150}$
b) Comme il y a 15 bons de réduction toutes sommes confondues alors la probabilité de gagner un bon de réduction est égale à $\frac{15}{300} = \frac{1}{20}$, soit 0,05.
Réponse : 0,05
c) 1. L'organisateur aura dépensé $2 \times 500 + 5 \times 100 + 10 \times 50 + 20 \times 0,5$, soit 2 010 €.
Pour déterminer le prix de vente d'un billet pour que l'organisateur ne perde pas d'argent il faut que le total de sa dépense soit couvert par la vente de billets.
Le prix de vente d'un billet doit être au moins égal à $\frac{2\,010}{300}$, soit 6,7 €.
Réponse : 6,7 €
2. Pour ne pas perdre d'argent en vendant le billet à 2 € l'organisateur doit émettre $\frac{2\,010}{2}$, soit 1 005 billets au total.
Réponse : Il doit donc rajouter 1 005 – 300 soit 705 billets supplémentaires perdants.

☑ NIVEAU 3

Exercice 21
Il y a 3 + 4 + 5 + 7 + 6 = 25 boules dans l'urne.
a) La probabilité de tirer une boule bleue est égale à $\frac{7}{25}$, soit 0,28.
Réponse : 0,28
b) Soit n le nombre minimal de boules bleues à ajouter dans l'urne pour que la probabilité de tirer une boule bleue soit supérieure ou égale à 0,4.
On a alors un total de $25 + n$ boules dans l'urne dont $7 + n$ boules bleues.
La probabilité de tirer une boule bleue est égale à $\frac{7+n}{25+n}$.
Il faut donc déterminer n tel que $\frac{7+n}{25+n} \geq 0,4$. (1)
En multipliant les deux membres de l'inégalité (1) par $25 + n$, on obtient une inégalité équivalente $7 + n \geq 0,4(25 + n)$, soit $7 + n \geq 10 + 0,4n$. (2)
En ajoutant $-7 - 0,4n$ aux deux membres de l'inégalité (2), on obtient $0,6n \geq 3$. (3)
Puis en divisant les deux membres de l'inégalité (3) par 0,6, il vient $n \geq 5$.
Réponse : il faut ajouter un minimum de 5 boules bleues pour obtenir une probabilité de tirer une boule bleue supérieure ou égale à 0,4.
c) Soit m le nombre minimal de boules rouges à ajouter dans l'urne pour que la probabilité de tirer une boule bleue soit inférieure ou égale à 0,2.
On a alors un total de $25 + m$ boules dans l'urne dont 7 boules bleues.
La probabilité de tirer une boule bleue est égale à $\frac{7}{25+m}$.
Il faut donc déterminer m tel que $\frac{7}{25+m} \leq 0,2$ (1).

En multipliant les deux membres de l'inégalité (1) par $25 + m$ on obtient une inégalité équivalente $7 \leq 0{,}2(25 + m)$, soit $7 \leq 5 + 0{,}2m$ (2). En ajoutant -5 aux deux membres de l'inégalité (2), il vient $0{,}2m \geq 2$ (3). Puis en divisant les deux membres de l'inégalité (3) par 0,2, il vient $m \geq 10$.
Réponse : il faut ajouter un minimum de 10 boules rouges pour obtenir une probabilité de tirer une boule bleue inférieure ou égale à 0,2.

Exercice 22
a) Le dé de Mourad a 5 faces rouges et 1 face bleue.
1. Le dé de Kelly a 4 faces rouges et 2 faces bleues. Mourad gagne si les deux faces supérieures sont de la même couleur. La probabilité d'un événement est le rapport entre le nombre de cas favorables et le nombre de cas possibles. On a 6×6, soit 36 cas possibles. Le nombre de cas favorables correspond aux deux faces supérieures de la même couleur, soit toutes les deux rouges, soit toutes les deux bleues. On a donc 5×4 , soit 20 cas où les deux faces sont rouges et 1×2, soit 2 cas où les deux faces sont bleues. On a donc au total $20 + 2$, soit 22 cas favorables. La probabilité que Mourad gagne est donc égale à $\frac{22}{36}$, soit $\frac{11}{18}$.
Réponse : $\frac{11}{18}$
2. Le coloriage proposé ne permet donc pas de répondre affirmativement à la question que Kelly et Mourad se posent car la probabilité que Kelly gagne est égale à $1 - \frac{11}{18}$, soit $\frac{7}{18}$.
Réponse : $\frac{7}{18}$
b) 1. Le dé de Kelly a x faces rouges, donc $6 - x$ faces bleues.
En reprenant le raisonnement établi en a), le nombre de cas correspondant aux deux faces supérieures de la même couleur est égal à $5 \times x + 1 \times (6 - x)$, soit $4x + 6$ cas favorables.
La probabilité que Mourad gagne est donc égale à $\frac{4x + 6}{36}$, soit $\frac{2x + 3}{18}$.
2. Pour que les deux joueurs aient la même probabilité de gagner il faut que $\frac{2x + 3}{18} = \frac{1}{2}$.
En effectuant le produit en croix il vient $4x + 6 = 18$, cette équation équivaut à $4x = 12$, soit $x = 3$.

Réponse : Il faut donc que Kelly ait un dé avec trois faces rouges et trois faces bleues.

Exercice 23
La puce saute d'une unité à chaque seconde de façon aléatoire soit vers la droite soit vers la gauche.
Pour déterminer la nature des sauts pour être rendu à une abscisse donnée il faut déterminer lorsque cela est possible une somme de trois termes composés de (-1) et $(+1)$ égale à cette abscisse.
Déterminons le nombre de positions possibles :
Au bout de trois secondes, soit après trois sauts, la puce ne sera jamais ni à l'abscisse 0 ni à l'abscisse 2, car la somme de trois nombres impairs ne peut pas être égale à un nombre pair.
Pour être à l'abscisse 1, on dénombre trois parcours possibles :
$(-1) + (+1) + (+1) = 1$ (à gauche de 0 puis à droite de -1 et à droite de 0)
$(+1) + (-1) + (+1) = 1$ (à droite de 0 puis à gauche de 1 et à droite de 0)
$(+1) + (+1) + (-1) = 1$ (à droite de 0 puis à droite de 1 et à gauche de 2)

Pour être à l'abscisse 3, on dénombre un seul parcours possible :
$(+1) + (+1) + (+1) = 3$ (à droite de 0, puis à droite de 1 et à droite de 2)
La puce a deux positions possibles la première seconde (–1 ou +1), puis deux positions possibles la deuxième seconde (–1 ou +1) et enfin deux positions possibles la troisième seconde (–1 ou +1), soit un total de $2 \times 2 \times 2 = 8$ parcours possibles.

Réponse : On en déduit alors les probabilités suivantes :
a) La probabilité que la puce soit à l'abscisse 0 est égale à 0.

b) La probabilité que la puce soit à l'abscisse 1 est égale à $\frac{3}{8}$, soit 0,375.

c) La probabilité que la puce soit à l'abscisse 2 est égale à 0.

d) La probabilité que la puce soit à l'abscisse 3 est égale à $\frac{1}{8}$, soit 0,125.

Exercice 24

Réponse : b) $1 - \frac{1}{2^{n-1}}$

Comme il y a autant de boules blanches que de boules noires alors la probabilité de tirer une boule blanche est égale à la probabilité de tirer une boule noire, soit $\frac{1}{2}$.
Calculons la probabilité d'obtenir n fois des boules de la même couleur.

La probabilité de tirer n fois une boule blanche est égale à : $\frac{1}{2} \times \frac{1}{2} \times \ldots\ldots\ldots\ldots \times \frac{1}{2} = \left(\frac{1}{2}\right)^n = \frac{1}{2^n}$.

La probabilité de tirer n fois une boule noire est égale à : $\frac{1}{2} \times \frac{1}{2} \times \ldots\ldots\ldots\ldots \times \frac{1}{2} = \left(\frac{1}{2}\right)^n = \frac{1}{2^n}$.

Donc la probabilité de tirer n fois des boules de la même couleur est égale à : $\frac{1}{2^n} + \frac{1}{2^n} = \frac{2}{2^n}$ soit $\frac{1}{2^{n-1}}$.

Tirer n fois des boules de couleurs différentes est l'événement contraire. Sa probabilité vaut donc $1 - \frac{1}{2^{n-1}}$.

PARTIE 10

GÉOMÉTRIE PLANE EUCLIDIENNE

EXERCICES

Munissez-vous de feuilles blanches pour réaliser les figures demandées.
Les figures dans cet ouvrage ne sont pas à l'échelle.

☐ NIVEAU 1

Exercice 1

En utilisant le codage et les données, dans chacune des figures, est-il vrai que les droites (AB) et (CD) sont parallèles ? Entourez la bonne réponse :

a) Figure 1 : vrai   faux

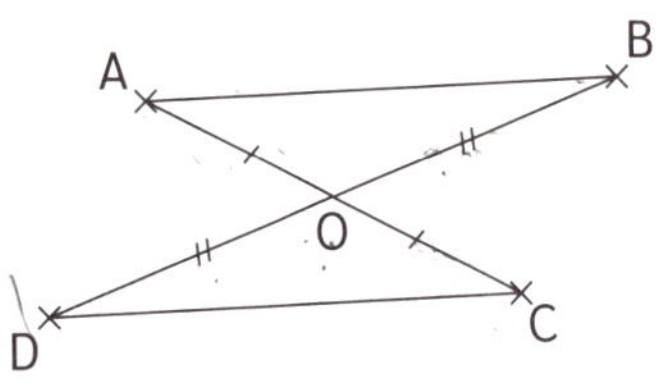

O, A, C sont alignés et O, B, D sont alignés.

b) Figure 2 : vrai   faux

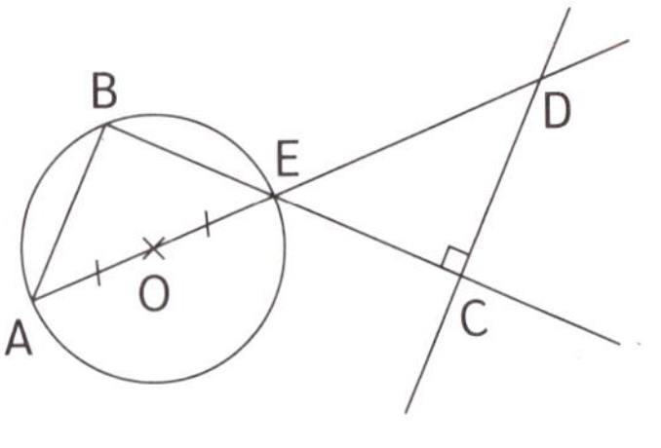

A, B, E appartiennent au cercle de centre O
B, E, C sont alignés ; A, O, E, D sont alignés

....

....

....

Exercice 2

Soit la figure ci-dessous faite à main levée.

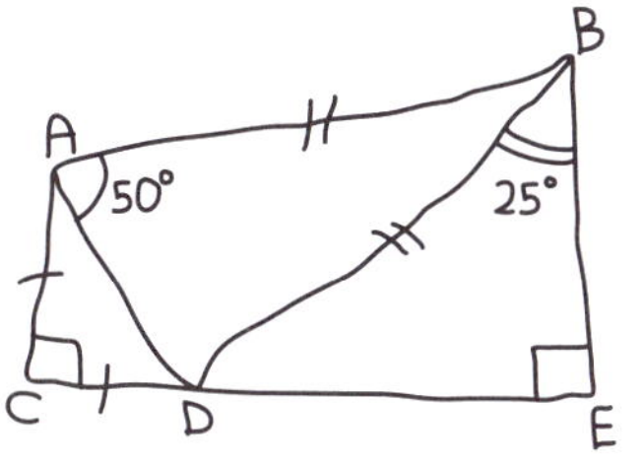

Affirmation : Les points C, D et E sont alignés. Entourez la bonne réponse et justifiez.

vrai faux

....

....

Exercice 3

Soit ABCD un quadrilatère quelconque. Soient I, J, K et L les milieux respectifs de [AB], [BC], [CD] et [DA]. Démontrez que (IL) est parallèle à (JK).

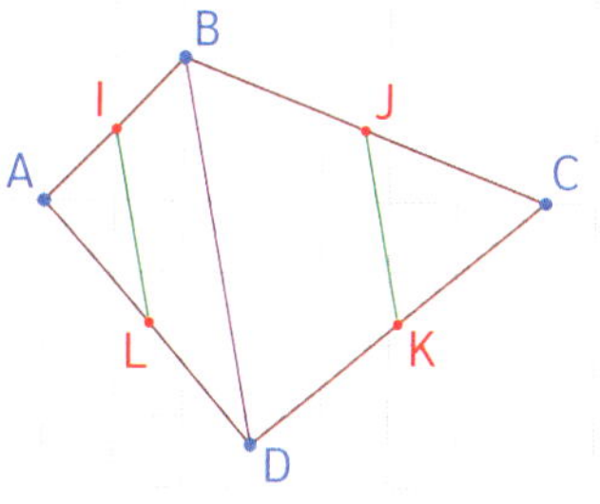

....

....

Exercice 4

Dans le triangle ABC rectangle en A, la médiatrice de [BC] coupe la droite (AC) en M et la droite (AB) en N. Démontrez que les droites (BM) et (CN) sont perpendiculaires.

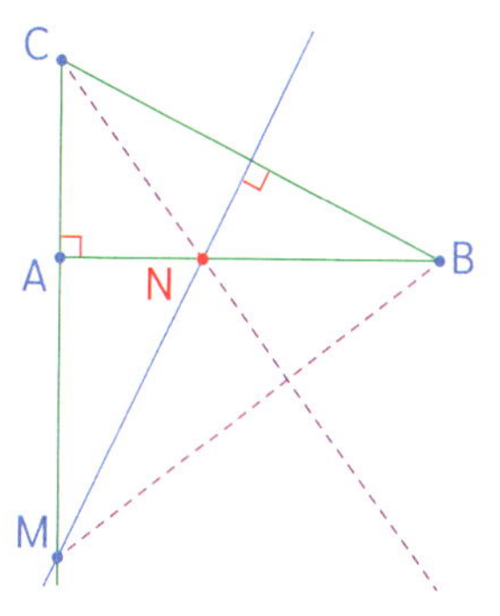

....

....

Exercice 5

Soient trois points distincts A, B et H. Construisez le triangle ABC sachant que le point H est l'orthocentre de ce triangle.

□ NIVEAU 2

Exercice 6

Une personne dispose de deux échelles de même mesure de longueur *L*. Elle souhaite les disposer de la façon indiquée ci-contre entre les deux murs [AH] et [BK].

BK = 4 m ; AH = 3 m ; HK = 5 m (échelle réduite)

Quelle est la mesure de la longueur de ces échelles à 1 cm près ? On posera HM = *x*.

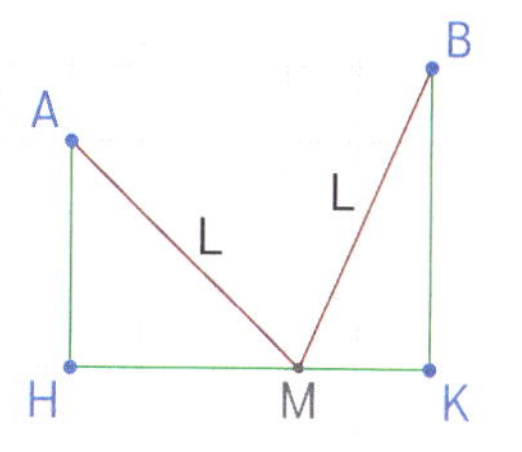

Exercice 7

Soit un parallélogramme ABCD de centre O et M le milieu de [DC]. La droite (AM) coupe (BD) en I. Démontrez que $DI = \frac{1}{3} DB$.

Exercice 8

Soit un rectangle ABCD de centre O. Soit M, le milieu de [AD]. La bissectrice de l'angle $\widehat{MAO}$ coupe le segment [MO] en I. Démontrez que la droite (DI) est la bissectrice de l'angle $\widehat{MDO}$.

Exercice 9

Une station de sports d'hiver est équipée d'un téléphérique pour permettre aux skieurs d'atteindre un plateau en altitude. Des pylônes sont placés en A, E, C et B pour soutenir le câble que l'on considèrera rectiligne. Le câble mesure 2,48 km. L'altitude au point A est 2 100 m, l'altitude au point B est 2 620 m. Entre B et C, le câble mesure 480 m.

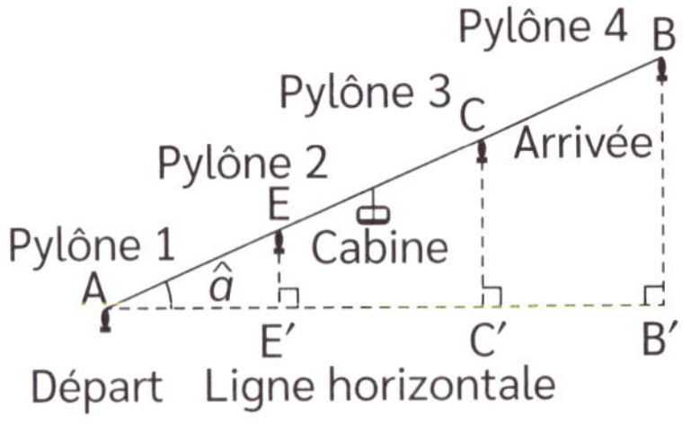

Sur ce schéma, les mesures des longueurs et de l'angle ne sont pas respectées.

a) Démontrez que CC′ ≈ 419 m à 1 m près.

b) Calculez l'altitude au point C, arrondie à 1 m près.

Exercice 10

Ceci est un schéma d'une toile d'araignée. Les points A, D, E d'une part et A, B, C d'autre part sont alignés. On a : AB = 16 cm ; BC = 14,4 cm ; AD = 10 cm ; AE = 19 cm.
Les droites (BD) et (CE) sont-elles parallèles ?

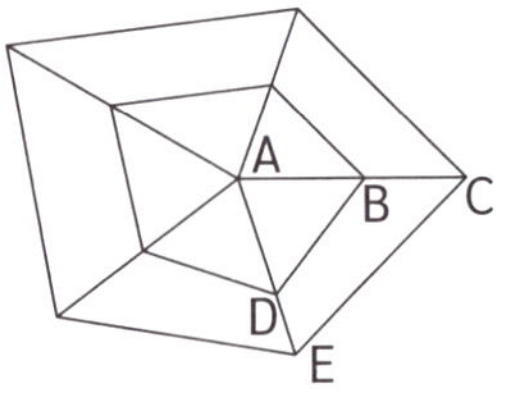

Exercice 11

Dans la figure ci-dessous, le point M est extérieur au cercle de diamètre [AB] et les points K et L sont les intersections des segments [AM] et [BM] avec le cercle.

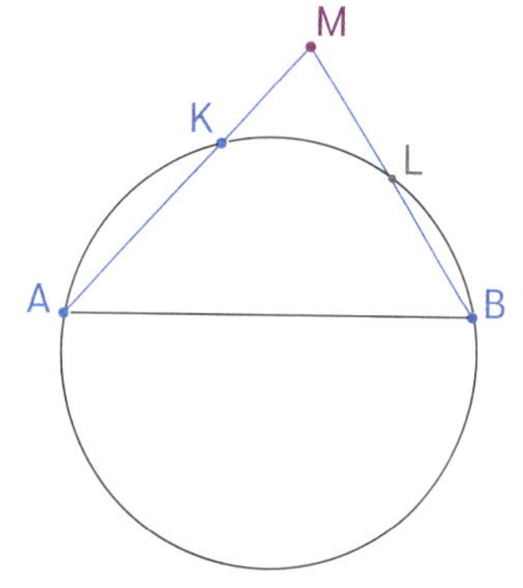

a) Quelle est la nature des triangles AKB et ALB ?

b) Démontrez que les droites (AL), (BK) et la perpendiculaire à (AB) passant par M sont concourantes.

c) On vient de construire la perpendiculaire à (AB) passant par M sans utiliser une équerre. Présentez une autre méthode de construction de la perpendiculaire à une droite passant par un point donné en utilisant une règle et un compas.

Exercice 12

Aya souhaiterait connaitre la hauteur des poteaux de but représentés ci-contre. Pour ce faire, elle se place en un point T, de telle sorte que l'extrémité S de son ombre [TS] coïncide avec celle de l'ombre [PS] d'un des poteaux. Elle trace le schéma ci-dessous à main levée :

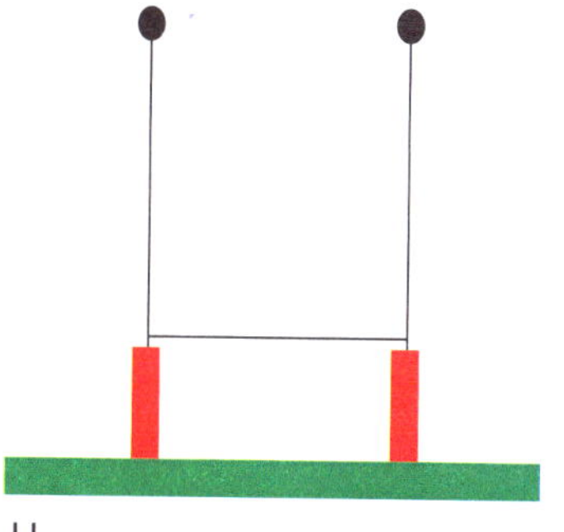

- **Aya, représentée par le segment [AT], mesure 1,74 m ; on a AT = 1,74 m ;**
- **Aya est placée à 9,51 m du poteau représenté par le segment [PH] ; on a PT = 9,51 m ;**
- **l'ombre d'Aya mesure 2,78 m ; on a TS = 2,78 m ;**
- **l'ombre du poteau est représentée par le segment [PS] ;**
- **on considère que les poteaux et Aya sont orthogonaux au sol.**

Déterminez la hauteur HP du poteau. Arrondissez le résultat au dixième de mètre.

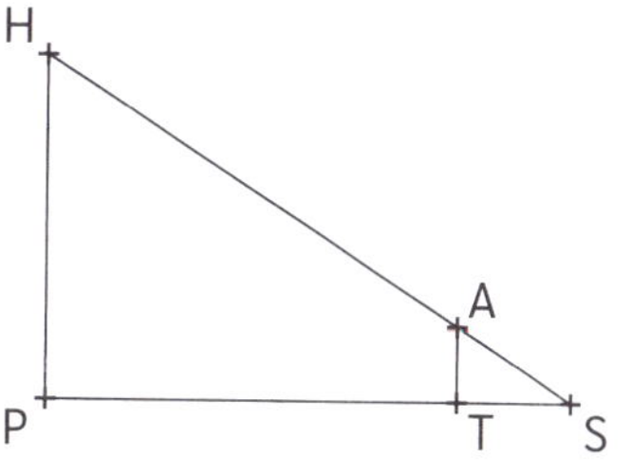

Exercice 13

On donne un triangle RTS où [RS] mesure 10 cm et [RT] mesure 10,5 cm.
Le point S′ est le point de la droite (RS) tel que [SS′] mesure 4 cm et les points R, S et S′ sont alignés dans cet ordre.
Le point T′ est le point de la droite (RT) tel que [TT′] mesure 4 cm et les points R, T et T′ sont alignés dans cet ordre.
La figure n'est pas à l'échelle.

a) Les droites (ST) et (S′T′) sont-elles parallèles ? Entourez la bonne réponse et justifiez :
oui non

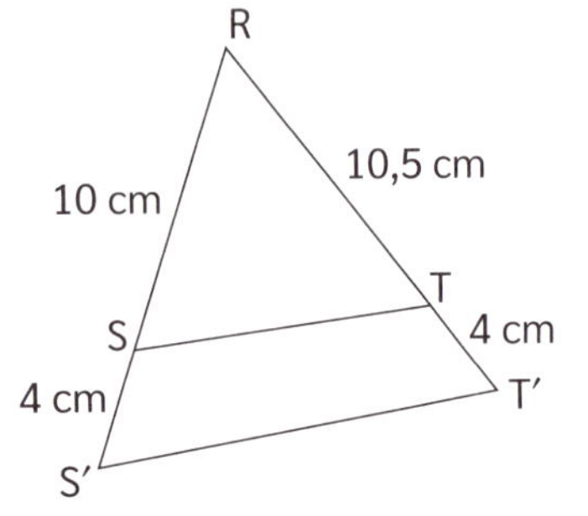

b) Les autres mesures données restant les mêmes, déterminez la longueur que doit avoir le segment [TT′] pour que (ST) et (S′T′) soient parallèles.

Exercice 14

On considère la figure ci-contre qui n'est pas représentée à l'échelle.
On sait que :
- **BC = 8 cm ; AB = 6 cm ; AC = 10 cm ; AD = 8 cm ;**
- **D appartient aux segments [AE] et [BC] ;**
- **les droites (BC) et (CE) sont perpendiculaires.**

Le but de cet exercice est de déterminer l'aire du triangle ACE.

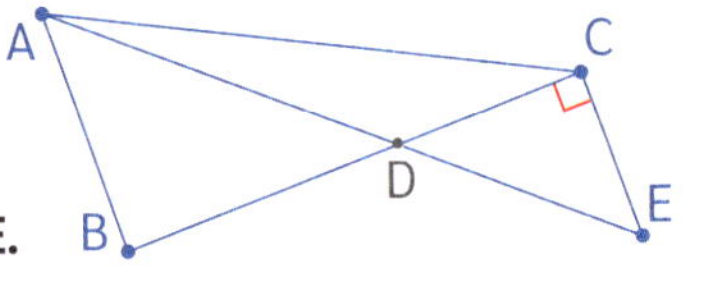

a) Montrez que les droites (AB) et (BC) sont perpendiculaires.

b) Déduisez-en la longueur (BD).

c) Déterminez la longueur (CE).

d) Déterminez l'aire du triangle ACE.

Exercice 15

On considère une droite (d), un point B appartenant à la droite (d) et un point A extérieur à la droite (d).

a) Construisez le point C tel que la droite (d) soit un axe de symétrie du triangle ABC. Vous pouvez effectuer cette construction à la règle non graduée et au compas. Décrivez et justifiez cette construction.

....

....

b) Construisez le point E, symétrique du point A par rapport au point B.

c) Quelle est la nature du triangle ACE ?

....

....

d) Quelle est la nature du triangle BEC ?

....

....

☐ NIVEAU 3

Exercice 16

Le but de l'exercice est de calculer l'aire d'un triangle ABC dont les côtés [AB], [BC] et [AC] mesurent, dans la même unité, respectivement 5, 7 et 4.

La figure n'est pas à l'échelle.

Soit H le pied de la hauteur issue de A et soit *x* la longueur BH.

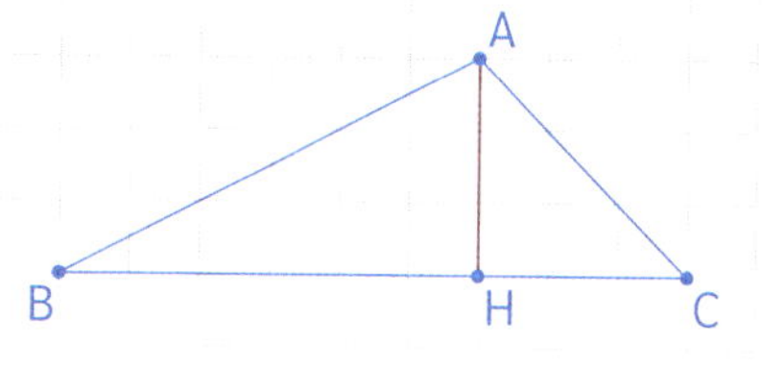

a) Montrez que $25 - x^2 = 16 - (7 - x)^2$.

....

....

....

b) Déduisez-en x puis calculez l'aire S du triangle ABC.

....

....

c) Vérifiez la valeur de l'aire S trouvée dans la question précédente en utilisant la formule de Héron.

Formule de Héron : Soit un triangle dont les longueurs des côtés, dans la même unité, sont a, b et c. L'aire de ce triangle est égale à $\sqrt{p(p-a)(p-b)(p-c)}$ où p est le demi-périmètre du triangle.

Exercice 17

Le quadrilatère ABJI est un trapèze rectangle de bases [AI] et [BJ]. Les diagonales [AJ] et [BI] se coupent en M. La distance du point M à la droite (AB) est HM.

On donne en centimètres : AI = 6 ; BJ = 5 et AB = 4.

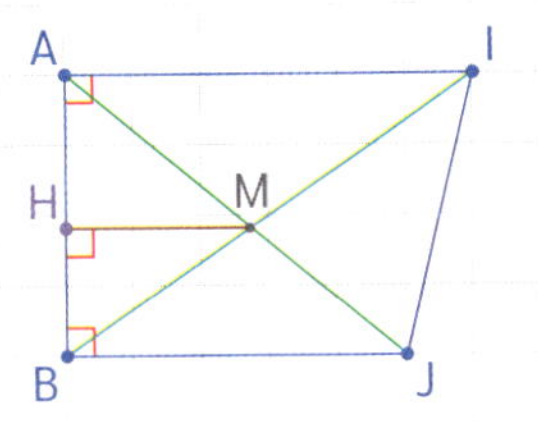

a) Écrivez, en justifiant, deux rapports égaux à $\frac{HM}{AI}$ et deux rapports égaux à $\frac{HM}{BJ}$.

b) Calculez $\frac{HM}{AI} + \frac{HM}{BJ}$

c) Déduisez-en la longueur HM.

d) Calculez la longueur AH.

CORRIGÉS

Munissez-vous de feuilles blanches pour réaliser les figures demandées.

☑ NIVEAU 1

Exercice 1

a) Dans la figure 1 nous avons une configuration de Thalès.

Comme OC = OA et OD = OB alors $\frac{OA}{OC} = \frac{OB}{OD} = 1$, donc d'après la réciproque du théorème de Thalès les droites (AB) et (CD) sont parallèles.

Réponse : vrai.

b) Dans la figure 2, comme le triangle ABE est inscrit dans le cercle de diamètre [AE] alors il est rectangle en B.

Les droites (AB) et (CD) sont parallèles car elles sont perpendiculaires à une même troisième droite (BC).

Réponse : vrai.

RAPPEL

La configuration de Thalès est constituée de deux droites sécantes elles-mêmes coupées de plusieurs droites parallèles.

Exercice 2

Le triangle ABD est isocèle de sommet B. On a donc $\widehat{DAB} = \widehat{ADB} = 50°$.

Comme le triangle ACD est isocèle rectangle de sommet C alors $\widehat{CDA} = 45°$.

Le triangle BED est rectangle en E. Comme la somme des angles d'un triangle est égale à 180° et que $\widehat{DBE} = 25°$ on en déduit que $\widehat{BDE} = 90° - 25° = 65°$.

On a donc $\widehat{CDE} = \widehat{CDA} + \widehat{ADB} + \widehat{BDE} = 45° + 50° + 65° = 160°$.

Comme l'angle $\widehat{CDE}$ n'est pas un angle plat ($\widehat{CDE} \neq 180°$) alors les points C, D et E ne sont pas alignés.

Réponse : faux.

RAPPEL

La somme des mesures des angles d'un triangle est égale à 180°.

Exercice 3

Considérons le triangle ABD. Comme I est le milieu de [AB] et L le milieu de [AD] alors d'après le théorème de la droite des milieux les droites (IL) et (BD) sont parallèles.
De même, considérons le triangle BCD. Comme J est le milieu de [BC] et K le milieu de [DC] alors d'après le théorème de la droite des milieux les droites (JK) et (BD) sont parallèles.
Comme les droites (IL) et (JK) sont parallèles à une même troisième droite (BD) alors elles sont parallèles entre elles.

Exercice 4

Considérons le triangle BCM. La droite (MN) est la hauteur issue de M relative au côté [BC] car (MN) est la médiatrice de [BC].
La droite (BA) est la hauteur issue de B relative au côté [MC] car le triangle ABC est rectangle en A.
Le point N, point de concours des hauteurs du triangle BCM est donc l'orthocentre de ce triangle.
(CN) étant la troisième hauteur de ce triangle est donc perpendiculaire à (BM).
On en déduit que les droites (BM) et (CN) sont perpendiculaires.

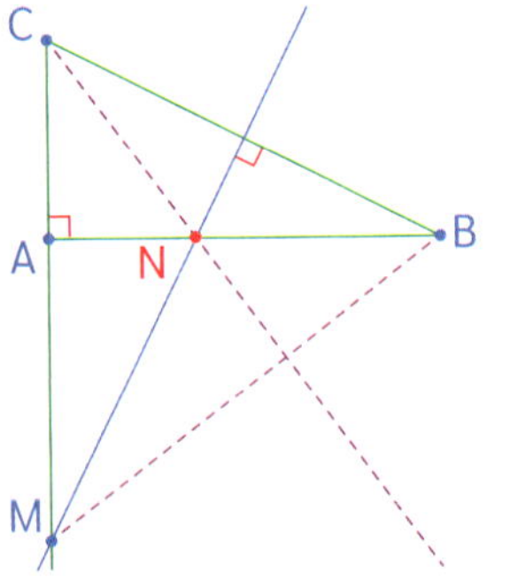

Exercice 5

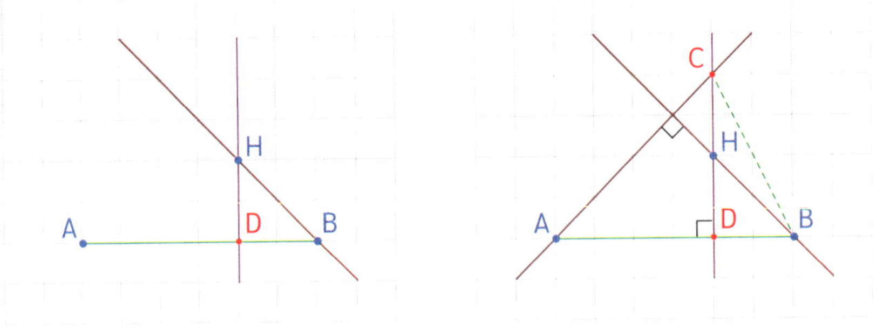

Placez les points A, B et H.
Tracez la perpendiculaire à [AB] passant par H. Elle coupe [AB] en D. Le point C sera sur cette droite.
Tracez la droite (BH), hauteur relative au côté [AC].
Tracez la perpendiculaire à (BH) passant par A. Elle coupe la droite (DH) en C.

RAPPEL

Les hauteurs d'un triangle sont concourantes en un point H appelé orthocentre du triangle.

☑ NIVEAU 2

Exercice 6

Appliquons le théorème de Pythagore aux deux triangles AHM et BKM rectangles respectivement en H et K.
On a AM = BM = L, HM = x et MK = HK − x = 5 − x.

Dans le triangle AHM on a donc $AM^2 = AH^2 + HM^2$, soit $L^2 = 9 + x^2$ (1)
Dans le triangle BKM on a donc $BM^2 = BK^2 + MK^2$, $L^2 = 16 + (5 - x)^2 = 16 + 25 - 10x + x^2$ $= 41 - 10x + x^2$ (2)
En rapprochant les égalités (1) et (2) on obtient le système suivant :

$$\begin{cases} L^2 = 9 + x^2 \\ L^2 = 41 - 10x + x^2 \end{cases}$$

On en déduit l'équation suivante : $41 - 10x + x^2 = 9 + x^2$

On a donc après simplification : $10x = 32$, soit $x = 3{,}2$ m.
Comme $L^2 = 9 + x^2$ alors $L^2 = 9 + 3{,}2^2 = 19{,}24$ d'où $L = \sqrt{19{,}24}$ m, soit 4,39 m à 1 cm près.
Réponse : 4,39 m à 1 cm près.

Exercice 7

Considérons le triangle ACD. Comme O est le milieu de [AC] et M le milieu de [DC] alors les droites (DO) et (AM) sont les médianes relatives aux côtés [AC] et [DC]. Comme ces médianes se coupent au point I alors ce point est à $\frac{2}{3}$ des sommets du triangle ACD.

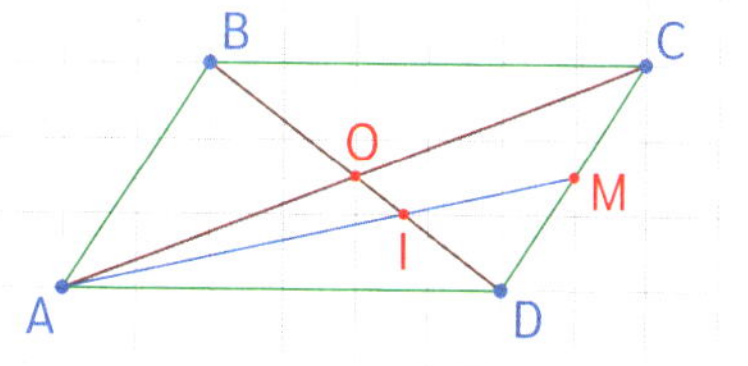

On a donc $DI = \frac{2}{3} DO$.

Comme O est le point de concours des diagonales du parallélogramme ABCD alors $DO = \frac{1}{2} DB$. On a donc $DI = \frac{2}{3} DO = \frac{2}{3} \times \frac{1}{2} DB$, d'où $DI = \frac{1}{3} DB$.

RAPPEL

Les médianes d'un triangle ABC sont concourantes en un point G appelé centre de gravité du triangle.
Si les points A′, B′ et C′ sont les milieux respectifs des côtés [BC], [AC] et [AB] alors : $AG = \frac{2}{3} AA'$, $BG = \frac{2}{3} BB'$ et $CG = \frac{2}{3} CC'$.

Exercice 8

Les diagonales d'un rectangle se coupent en leur milieu et ont même longueur.
Le triangle AOD est donc isocèle de sommet O. Comme M est le milieu de [AD] alors la droite (OM) est en même temps la médiane relative au côté [AD] et la bissectrice de l'angle $\widehat{AOD}$.

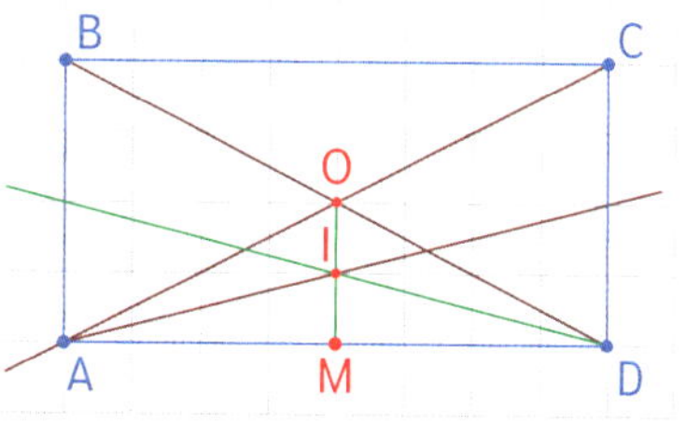

Comme I est le point de concours des bissectrices (OM) et (AI) des angles $\widehat{AOD}$ et $\widehat{MAO}$ ou $\widehat{DAO}$ respectivement alors on en déduit que la droite (DI) est la bissectrice de $\widehat{ADO}$ ou $\widehat{MDO}$ troisième angle du triangle AOD.

Exercice 9

a) Comme l'altitude au point A est de 2 100 m et celle au point B de 2 620 m, alors $BB' = 2\,620 - 2\,100$, soit $BB' = 520$ m.

De plus, sachant que BC = 480 m, on en déduit :
AC = AB – BC
AC = 2 480 – 480
d'où AC = 2 000 m.

$$\text{Comme} \begin{cases} (CC') \perp (AB') \\ \text{et alors } (CC') \,//\, (BB') \\ (BB') \perp (AB') \end{cases}$$

On peut donc appliquer la propriété de Thalès.
On a alors :

$$\frac{AC}{AB} = \frac{AC'}{AB'} = \frac{CC'}{BB'}$$

$\frac{AC}{AB} = \frac{CC'}{BB'}$ équivaut à $\frac{CC'}{520} = \frac{2\,000}{2\,480}$.

On en déduit que $CC' = \frac{2\,000 \times 520}{2\,480}$, soit $CC' \approx 419{,}3$, d'où CC′ = 419 m à 1 m près par défaut.
b) L'altitude au point C est donc 2 100 + 419 soit 2 519 m.

Exercice 10

$$\frac{AD}{AE} = \frac{10}{19}$$

$$\frac{AB}{AC} = \frac{AB}{AB + BC}$$

$$\frac{AB}{AC} = \frac{16}{16 + 14{,}4} = \frac{16}{30{,}4}$$

On a donc $\frac{AD}{AE} = \frac{AB}{AC}$. Comme les points A, D, E d'une part et A, B, C d'autre part sont alignés dans cet ordre et que $\frac{AD}{AE} = \frac{AB}{AC}$ alors d'après la réciproque de la propriété de Thalès, les droites (BD) et (CE) sont parallèles.

Exercice 11

a) Les triangles AKB et ALB sont rectangles car inscrits dans le cercle de diamètre [AB].
b) Les droites (AL), (BK) et la perpendiculaire à (AB) passant par M sont les trois hauteurs du triangle AMB, elles sont donc concourantes.
c) Pour tracer la perpendiculaire à (AB) passant par un point quelconque M il faut :

- tracer le cercle de centre A et de rayon AM ;
- tracer le cercle de centre B et de rayon BM.

Ces deux cercles se coupent aux points M et N. La droite (AB) est donc la médiatrice de [MN]. On a ainsi tracé la perpendiculaire à (AB) passant par le point M.

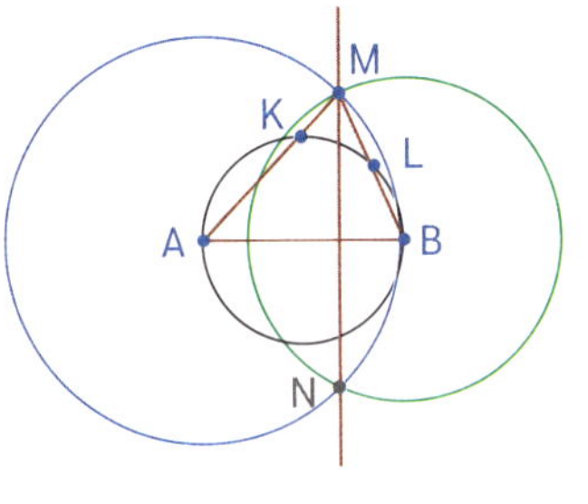

Exercice 12

On a SP = PT + TS = 9,51 m + 2,78 m, soit SP = 12,29 m. Les droites (AT) et (HP) sont parallèles car perpendiculaires à une même troisième droite (SP). Comme les points S, T, P d'une part et S, A H d'autre part sont alignés dans cet ordre et que les droites (AT) et (HP) sont parallèles alors d'après le théorème de Thalès on a : $\frac{SP}{ST} = \frac{SH}{SA} = \frac{HP}{AT}$.

Il vient : $\frac{HP}{AT} = \frac{SP}{ST}$, soit $HP = AT \times \frac{SP}{ST}$. On a donc $HP = 1{,}74 \times \frac{12{,}29}{2{,}78}$ m, soit HP = 7,7 m au dixième de mètre.

Réponse : 7,7 m au dixième de mètre.

Exercice 13

a) On a $\frac{RS}{SS'} = \frac{10}{4} = 2{,}5$ et $\frac{RT}{TT'} = \frac{10{,}5}{4} = 2{,}625$. Comme les points R, S, S′ d'une part et R, T, T′ d'autre part sont alignés dans cet ordre et que $\frac{RS}{SS'} \neq \frac{RT}{TT'}$ alors d'après la contraposée du théorème de Thalès les droites (ST) et (S′T′) ne sont pas parallèles.

Réponse : non.

b) Pour que les droites (ST) et (S′T′) soient parallèles il faut que $\frac{RS}{SS'} = \frac{RT}{TT'}$.

Effectuons un produit en croix : $RS \times TT' = RT \times SS'$, soit $TT' = RT \times \frac{SS'}{RS}$.

On a donc $TT' = 10{,}5 \times \frac{4}{10}$, soit TT′ = 4,2 cm

Réponse : TT′ = 4,2 cm

Exercice 14

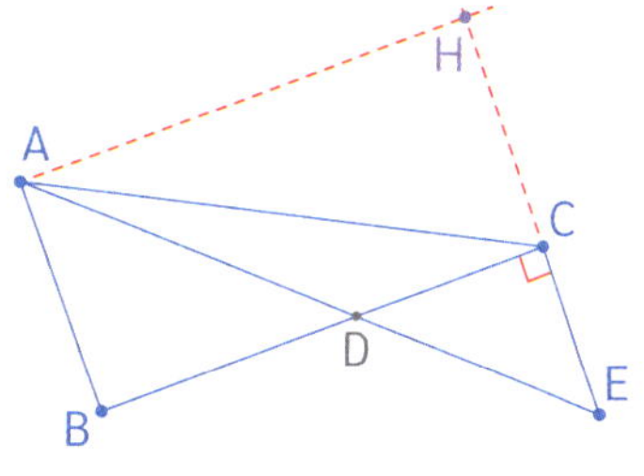

a) Considérons le triangle ABC.

On a $AC^2 = 10^2 = 100$

$AB^2 + BC^2 = 6^2 + 8^2 = 100$

Comme $AB^2 + BC^2 = AC^2$, alors d'après la réciproque du théorème de Pythagore le triangle ABC est rectangle en B. On en déduit que les droites (AB) et (BC) sont perpendiculaires.

b) D'après le théorème de Pythagore appliqué au triangle ABD rectangle en B, on a $AD^2 = AB^2 + BD^2$. On a donc $BD^2 = AD^2 - AB^2$, soit $BD^2 = 8^2 - 6^2 = 28$. D'où $BD = \sqrt{28} = \sqrt{4 \times 7}$, soit $BD = 2\sqrt{7}$ cm.

Réponse : $BD = 2\sqrt{7}$ cm.

c) Comme les points A, D et E d'une part et B, D et C d'autre part sont alignés dans cet ordre et que les droites (AB) et (CE) sont parallèles car perpendiculaires à la même droite (BC), alors d'après le théorème de Thalès :

$\frac{DE}{DA} = \frac{DC}{DB} = \frac{CE}{AB}$. On a donc $\frac{CE}{AB} = \frac{DC}{DB}$, soit $CE = \frac{DC}{DB} \times AB$,

avec $DC = BC - BD = 8 - 2\sqrt{7}$ et $DB = 2\sqrt{7}$.

On a donc $CE = \frac{8 - 2\sqrt{7}}{2\sqrt{7}} \times 6 = \frac{48 - 12\sqrt{7}}{2\sqrt{7}}$.

Après simplification par 2, on obtient CE $= \dfrac{24 - 6\sqrt{7}}{\sqrt{7}}$.

On peut rendre le dénominateur entier en multipliant le numérateur et le dénominateur par $\sqrt{7}$ pour obtenir CE $= \dfrac{24\sqrt{7} - 42}{7}$ cm, soit CE ≈ 3,07 cm.

Réponse : CE ≈ 3,07 cm.

d) Traçons la perpendiculaire à (CE) passant par A. Elle coupe (CE) en H.
Le quadrilatère ABCH est un rectangle car il a trois angles droits.
On a donc AH = BC = 8 cm.
Considérons le triangle ACE.
Comme (AH) est la hauteur relative au côté [CE], alors l'aire du triangle ACE est égale à :

$$\mathcal{A}(\text{ACE}) = \frac{1}{2}\,\text{CE} \times \text{AH} = \frac{1}{2} \times \frac{(24\sqrt{7} - 42) \times 8}{7}$$

On a donc $\mathcal{A}(\text{ACE}) = \dfrac{96\sqrt{7} - 168}{7}$ cm², soit $\mathcal{A}(\text{ACE})$ = 12,28 cm².

Réponse : $\mathcal{A}(\text{ACE})$ = 12,28 cm².

Exercice 15

a) Tracer le cercle de centre B et de rayon BA.
Placer un point quelconque D sur (d) puis tracer le cercle de centre D et de rayon DA qui coupe le cercle précédent au point C.

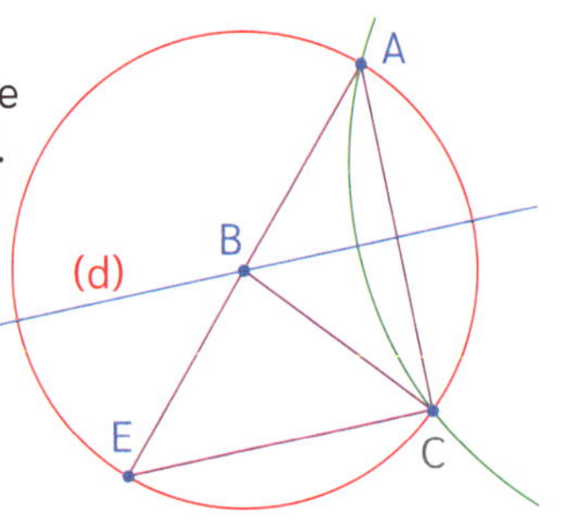

b) Comme la droite (d) est un axe de symétrie du triangle ABC alors AB = BC. De plus comme E est le symétrique de A par rapport à B alors AB = BE ou AB $= \dfrac{1}{2}$ AE.

On a donc AB = BC = BE, soit BC $= \dfrac{1}{2}$ AE.

c) Considérons le triangle ACE.
Dans le triangle ACE, comme la droite (CB) est la médiane issue de C relative au côté [AE] et que BC $= \dfrac{1}{2}$ AE alors le triangle ACE est rectangle en C.

d) Comme BE = BC alors le triangle BEC est isocèle de sommet B.

☑ NIVEAU 3

Exercice 16

a) On a AB = 5, BH = x
D'après le théorème de Pythagore appliqué au triangle AHB rectangle en H on a $AB^2 = BH^2 + AH^2$, soit $AH^2 = AB^2 - BH^2$, d'où $AH^2 = 5^2 - x^2 = 25 - x^2$. (1)
On a AC = 4 et HC = BC − BH = 7 − x.
D'après le théorème de Pythagore appliqué au triangle AHC rectangle en H on a : $AC^2 = HC^2 + AH^2$, soit $AH^2 = AC^2 - HC^2$, d'où $AH^2 = 4^2 - (7 - x)^2 = 16 - (7 - x)^2$ (2)
Des expressions (1) et (2) de AH^2 on en déduit que $25 - x^2 = 16 - (7 - x)^2$.
b) Développons le membre de droite de l'équation : $25 - x^2 = 16 - (7 - x)^2$.
$25 - x^2 = 16 - (49 - 14x + x^2)$ d'où $25 - x^2 = 16 - 49 + 14x - x^2$

On a donc après réduction $25 = -33 + 14x$, soit $14x = 58$, d'où $x = \frac{58}{14} = \frac{29}{7}$.
L'aire S du triangle ABC est égale à :

$S = \frac{1}{2} \times BC \times AH$, avec $BC = 7$ et $AH = \sqrt{25 - \left(\frac{29}{7}\right)^2} = \frac{\sqrt{384}}{7} = \frac{\sqrt{64 \times 6}}{7} = \frac{8\sqrt{6}}{7}$.

On a donc $S = \frac{1}{2} \times 7 \times \frac{8\sqrt{6}}{7}$, d'où $S = 4\sqrt{6}$.

c) Appliquons la formule de Héron $S = \sqrt{p(p-a)(p-b)(p-c)}$ avec $a = 5, b = 7, c = 4$ et $p = \frac{5+7+4}{2} = 8$.

On a donc $S = \sqrt{8(8-5)(8-7)(8-4)} = \sqrt{8 \times 3 \times 1 \times 4} = \sqrt{16 \times 6} = 4\sqrt{6}$.

On retrouve bien la même aire qu'à la question b.

Exercice 17

a) Les droites (HM) et (BJ) et (AJ) sont parallèles car perpendiculaires à une même troisième droite (AB).

Comme les points B, H, A d'une part et B, M, I d'autre part sont alignés dans cet ordre et que les droites (HM) et (AI) sont parallèles alors d'après le théorème de Thalès on a : $\frac{BH}{BA} = \frac{BM}{BI} = \frac{HM}{AI}$.

De même comme les points A, H, B d'une part et A, M, J d'autre part sont alignés dans cet ordre et que les droites (HM) et (BJ) sont parallèles alors d'après le théorème de Thalès on a : $\frac{AH}{AB} = \frac{AM}{AJ} = \frac{HM}{BJ}$.

Réponse : $\frac{BH}{BA} = \frac{BM}{BI} = \frac{HM}{AI}$ et $\frac{AM}{AB} = \frac{AM}{AJ} = \frac{HM}{BJ}$.

b) Comme $\frac{HM}{AI} = \frac{BH}{BA}$ et $\frac{HM}{BJ} = \frac{AH}{AB}$ alors $\frac{HM}{AI} + \frac{HM}{BJ} = \frac{BH}{BA} + \frac{AH}{AB} = \frac{BH + AH}{AB} = \frac{AB}{AB} = 1$.

c) On a donc $\frac{HM}{6} + \frac{HM}{5} = 1$ car $AI = 6$ et $BJ = 5$.

Après réduction au même dénominateur il vient : $\frac{5\,HM}{30} + \frac{6\,HM}{30} = 1$, soit $\frac{11\,HM}{30} = 1$, d'où $HM = \frac{30}{11}$.

d) On a établi précédemment que $\frac{AH}{AB} = \frac{HM}{BJ}$, soit $AH = AB \times \frac{HM}{BJ}$.

On a donc $AH = 4 \times \frac{\frac{30}{11}}{5} = 4 \times \frac{6}{11}$, d'où $AH = \frac{24}{11}$.

PARTIE 11

TRIANGLES – CERCLES – TRIGONOMÉTRIE

EXERCICES

Munissez-vous d'une feuille pour certains exercices. Les figures dans l'ouvrage ne sont pas à l'échelle.

☐ NIVEAU 1

Exercice 1

Soit (C) un cercle de centre O et de diamètre [AB]. Soit (C′) le cercle de diamètre [OA], et E un point de (C). La droite (AE) coupe (C′) en F. Montrez que (OF) et (BE) sont parallèles.

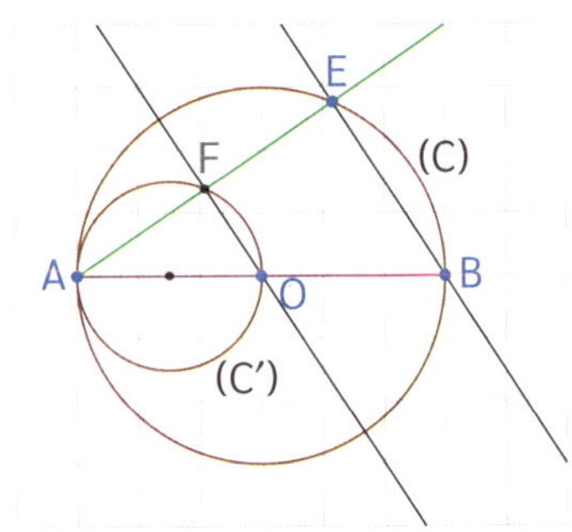

Exercice 2

Soit [AB] une corde d'un cercle de centre O. Soit (D) la droite perpendiculaire à (AB) passant par O. Montrez que (D) coupe [AB] en son milieu.

Exercice 3

Dans le triangle ABC rectangle en A, la médiatrice de [BC] coupe la droite (AC) en M et la droite (AB) en N. Démontrez que les droites (BM) et (CN) sont perpendiculaires.

....

....

....

....

Exercice 4

Quelle est la mesure de l'angle $\widehat{ABx}$?
Entourez la bonne réponse :

a) 58° b) 139°

c) 131° d) 141°

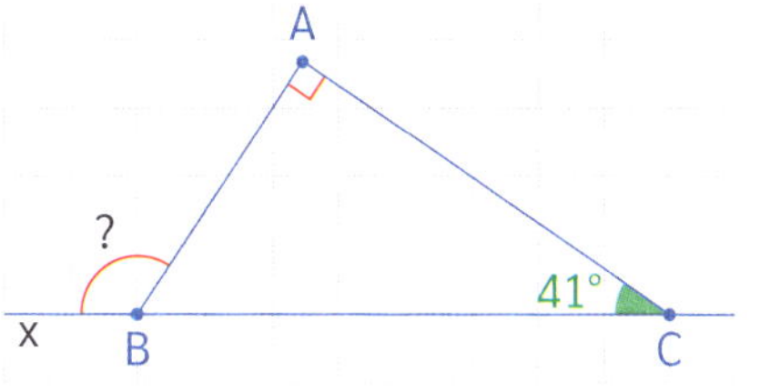

Exercice 5

Sachant que ABCD est un parallélogramme, quelle est la mesure de l'angle $\widehat{CEF}$?

....

....

....

....

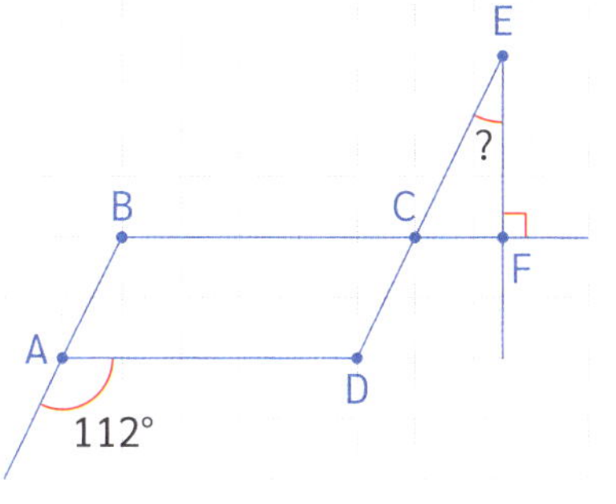

Exercice 6

Calculez dans chaque cas l'inconnue :

a) $\sin(30°) = \dfrac{3}{x}$ = ...

b) $\cos(72°) = \dfrac{y}{5}$ = ...

c) $\cos(\alpha) = \sin(35°)$ = ...

d) $\tan(\alpha) = \dfrac{13}{8}$ = ...

☐ NIVEAU 2

Exercice 7

Soit un triangle ABC, tel que AB = 5, AC = 4 et BC = 3.
La figure n'est pas à l'échelle.

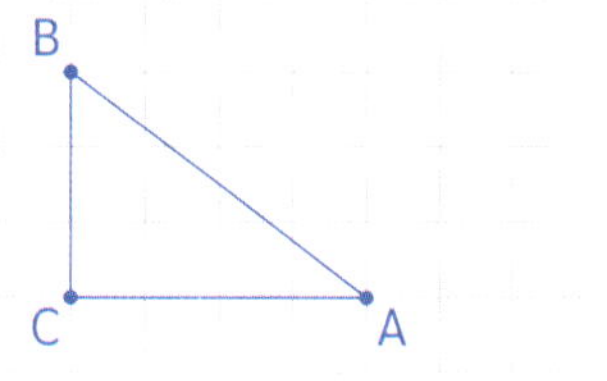

a) Vérifiez que le triangle ABC est rectangle en C.

....

....

b) Calculez $\sin(\widehat{BAC})$.
Déduisez-en la mesure de l'angle $\widehat{BAC}$ puis celle de l'angle $\widehat{ABC}$ à 0,01° près.

....

....

Exercice 8

Dans un triangle équilatéral de côté 10 cm, quel est le rayon du cercle inscrit ? Quel est le rayon du cercle circonscrit ?

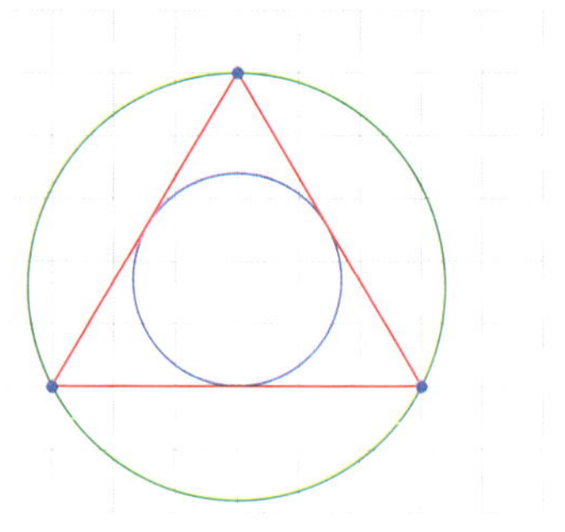

....

....

....

....

Exercice 9

Soit ABC un triangle quelconque, et soit (d) la parallèle à (BC) passant par A.
Comparez les angles α et β avec les angles du triangle ABC. Déduisez-en une formule sur les angles du triangle ABC.

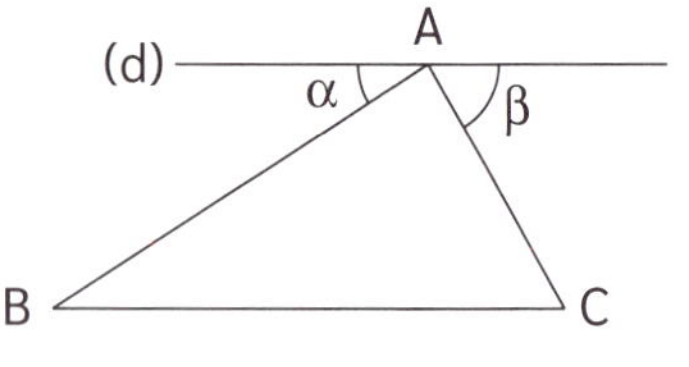

....

....

Exercice 10

On considère un point A sur un demi-cercle de diamètre [BC].
Soit H le projeté orthogonal de A sur (BC), tel que BH = 1 et BC = 3.
Montrez que AB = $\sqrt{3}$.

....

....

Exercice 11

Un skieur descend une piste dont la pente est de 65 %. Quel angle fait cette piste par rapport à l'horizontale ?

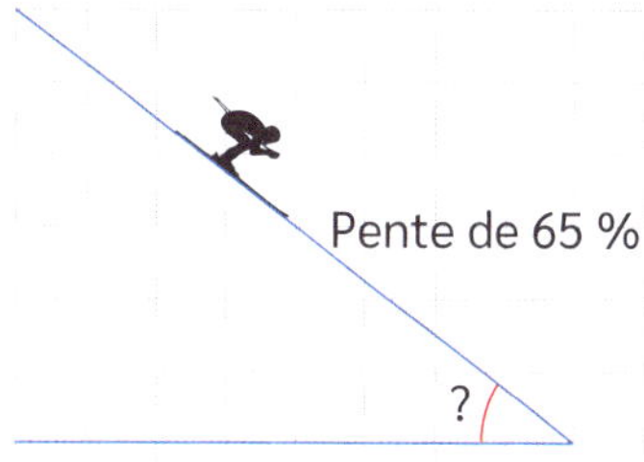

....

....

Exercice 12

Prenez une feuille blanche. Tracez un segment [BC] de 5 cm de longueur. Tracez le cercle de diamètre [BC]. Placez sur ce cercle le point A tel que AB = 3 cm. Placez sur [AC] le point N tel que CN = 1 cm. La droite perpendiculaire à (AC) qui passe par N coupe (BC) en Q. Calculez QC.

....

....

☐ NIVEAU 3

Exercice 13

On veut partager un carré de 10 cm de côté en deux parties. L'une d'entre elles est un disque intérieur ayant pour centre celui du carré et pour rayon *r*. La seconde partie est l'extérieur du disque, grisée sur la figure ci-contre.

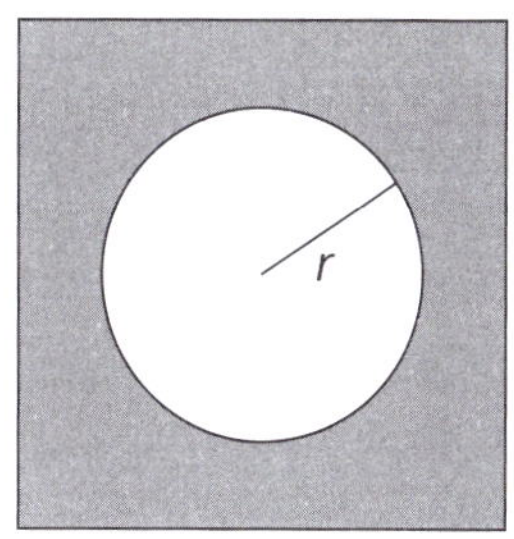

a) Entre quelles valeurs le rayon *r* peut-il varier ? Justifiez.

....

....

b) Déterminez pour quelle valeur du rayon *r*, exprimée en centimètre, l'aire du disque est égale au quart de celle du carré. Donnez la valeur exacte puis la valeur arrondie au centième.

....

....

c) Pour déterminer l'aire du disque dans le carré en fonction de son rayon, on réalise avec un tableur la feuille de calcul suivante :

1. Quelle formule permettant de calculer l'aire du disque doit être écrite dans la cellule B2 pour être ensuite copiée par glissement vers le bas ?

Note : on pourra utiliser la fonction PI () du tableur qui renvoie une valeur approchée du nombre π

	A	B
1	Rayon	Aire
2	0	0
3	0,5	0,78539816
4	1	3,14159265
5	1,5	7,06858347
6	2	12,5663706
7	2,5	19,6349541
8	3	28,2743339
9	3,5	38,48451
10	4	50,2654825
11	4,5	63,6172512
12	5	78,5398163
13		

....

....

2. Déduisez de ce tableau, un encadrement d'amplitude minimale de la valeur du rayon r_0 du disque pour que l'aire du disque soit égale à l'aire de la surface grisée.

....

....

3. Déterminez la valeur exacte de r_0 exprimée en centimètre, puis donnez l'arrondi au centième.

....

....

4. Déterminez la valeur exacte du rayon r_1 du disque telle que l'aire du disque soit égale au tiers de l'aire de la surface grisée et donnez son arrondi au dixième de millimètre.

....

....

Exercice 14

ABE est un triangle rectangle en E.
AE = 5 cm, AB = 13 cm
La droite (BE) et la droite perpendiculaire à (AB) passant par A se coupent en C.
La droite (AE) et la droite perpendiculaire à (AC) passant par C se coupent en D.

a) Réalisez la figure en vraie grandeur.

b) Déterminez l'aire approchée du triangle CEA.

....

....

....

CORRIGÉS

NIVEAU 1

Exercice 1

Le triangle ABE est rectangle en E car il est inscrit dans le cercle (C) de diamètre [AB]. De même, le triangle AOF est rectangle en F car inscrit dans le cercle (C′) de diamètre [OA]. Les droites (OF) et (BE) sont parallèles car elles sont perpendiculaires à une même troisième droite (AE).

Exercice 2

Le triangle AOB est isocèle car OA = OB, comme rayons du cercle. La droite (D) perpendiculaire à [AB] passant par le sommet O du triangle isocèle AOB est la hauteur relative au côté [AB].
Or dans un triangle isocèle, la hauteur est aussi médiatrice, donc la droite (D) est la médiatrice du segment [AB]. Elle coupe donc [AB] en son milieu.

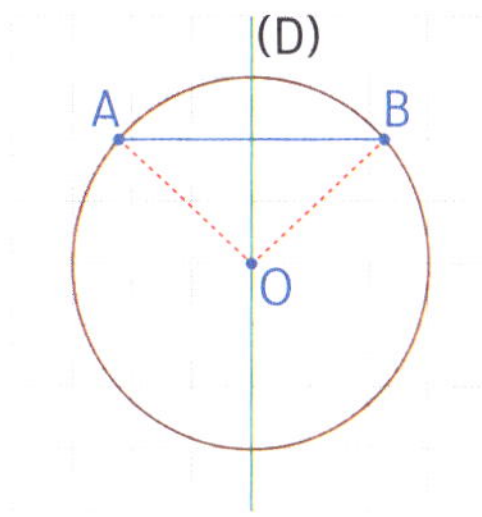

Exercice 3

La droite (NM) issue du sommet N du triangle BCN est la médiatrice du segment [BC], c'est donc aussi la hauteur relative au côté [BC]. Comme le triangle ABC est rectangle en A, alors la droite (CA) est la hauteur issue du sommet C relative au côté [NB]. Les hauteurs (NM) et (CA) du triangle BCN se coupent en M. Or dans un triangle, les hauteurs sont concourantes en un point appelé orthocentre du triangle, ici le point M. (BM) est donc la troisième hauteur du triangle BCN issue du sommet B relative au côté [CN].
On en déduit que les droites (BM) et (CN) sont perpendiculaires.

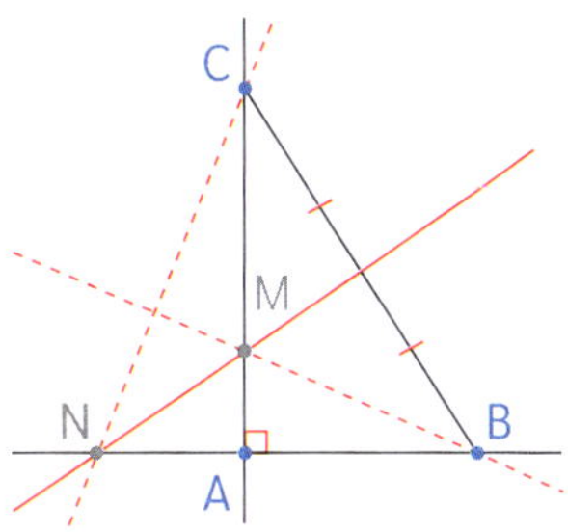

Exercice 4

Réponse : c) 131°
La somme des mesures des angles d'un triangle est égale à 180°.
Le triangle ABC est rectangle en A, on a donc $\widehat{ABC} = 90° - 41°$, soit $\widehat{ABC} = 49°$.
On en déduit que $\widehat{ABx} = 180° - \widehat{ABC} = 180° - 49°$, soit $\widehat{ABx} = 131°$.

Exercice 5

On a $\widehat{BAD} = 180° - 112° = 68°$.
Dans un parallélogramme, comme les angles opposés ont même mesure alors $\widehat{BAD} = \widehat{BCD} = 68°$.
Les angles $\widehat{BCD}$ et $\widehat{ECF}$ ont même mesure car ils sont opposés par le sommet. On a donc $\widehat{ECF} = 68°$. Comme le triangle ECF est rectangle en F et que la somme des angles d'un triangle est égale à 180°, alors $\widehat{CEF} + \widehat{ECF} = 90°$, soit $\widehat{CEF} = 90° - \widehat{ECF} = 90° - 68° = 22°$.
Réponse : $\widehat{CEF} = 22°$.

Exercice 6

a) $\sin(30°) = \dfrac{3}{x} \Leftrightarrow \dfrac{3}{x} = 0{,}5$, d'où $x = \dfrac{3}{0{,}5} = 6$.

b) $\cos(72°) = \dfrac{y}{5} \Leftrightarrow y = 5 \times \cos(72°)$, d'où $y \approx 5 \times 0{,}309 \approx 1{,}545$.

c) Comme le cosinus d'un angle est égal au sinus de son complément alors $\alpha = 90° - 35°$, soit $\alpha = 55°$.

d) $\tan(\alpha) = \dfrac{13}{8} \Leftrightarrow \alpha = \tan^{-1}\left(\dfrac{13}{8}\right)$, soit $\alpha \approx 58{,}4°$

☑ NIVEAU 2

Exercice 7

a) On a $AC^2 + BC^2 = 4^2 + 3^2 = 25$ et $AB^2 = 5^2 = 25$

Comme $AC^2 + BC^2 = AB^2$ alors, d'après la réciproque du théorème de Pythagore, le triangle ABC est rectangle en C.

b) $\sin(\widehat{BAC}) = \dfrac{\text{côté opposé}}{\text{hypoténuse}} = \dfrac{BC}{AB} = \dfrac{3}{5}$, soit $\sin(\widehat{BAC}) = 0{,}6$

On a donc $\widehat{BAC} = \sin^{-1}(0{,}6) \approx 36{,}87°$

Comme les angles $\widehat{BAC}$ et $\widehat{ABC}$ sont complémentaires alors $\widehat{ABC} \approx 90° - 38{,}87°$, soit $\widehat{ABC} \approx 51{,}13°$.

Exercice 8

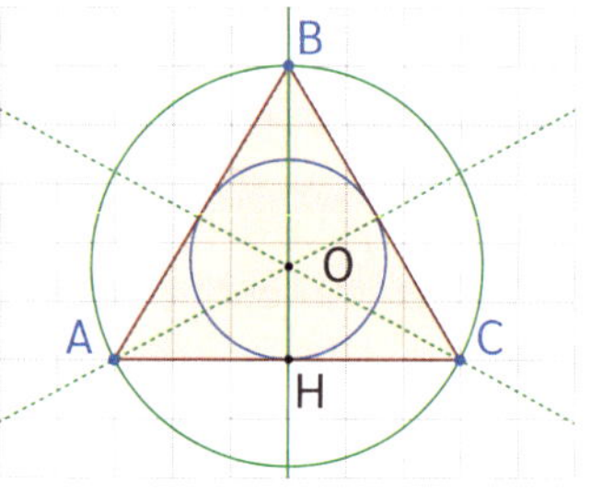

Le centre O du cercle inscrit dans le triangle équilatéral ABC est le point de concours des bissectrices. Le centre O du cercle circonscrit au triangle ABC est le point de concours des médiatrices. Dans un triangle équilatéral, les médiatrices sont en même temps médianes, bissectrices et hauteurs. La droite (BH) est donc hauteur et médiane relative au côté [AC]. Le point O est le centre du cercle inscrit dans le triangle ABC de rayon OH. Le point O est le centre du cercle circonscrit au triangle ABC de rayon OB. Le point O, point de concours des médianes du triangle ABC, est le centre de gravité de ce triangle. On a donc $OH = \dfrac{1}{3}BH$ et $OB = \dfrac{2}{3}BH$ (propriété de la médiane dans un triangle).

Pour calculer BH, on va considérer le triangle AHB rectangle en H avec AB = 10 cm et $AH = \dfrac{AC}{2} = \dfrac{10}{2}$ cm $= 5$ cm. D'après le théorème de Pythagore, on a $AB^2 = AH^2 + BH^2$, soit $BH^2 = AB^2 - AH^2 = 100 - 25 = 75 = 3 \times 25$ d'où $BH = \sqrt{3 \times 25}$, soit $BH = 5\sqrt{3}$ cm.

On a donc $OH = \dfrac{1}{3} \times 5\sqrt{3}$ cm, soit $OH = \dfrac{5}{3}\sqrt{3}$ cm et $OB = \dfrac{2}{3} \times 5\sqrt{3}$ cm, soit $OB = \dfrac{10}{3}\sqrt{3}$ cm

Exercice 9

Considérons les droites parallèles (d) et (BC) et la sécante (AB).

Les angles alternes internes, soit $\widehat{ABC}$ et α, ont même mesure. ($\widehat{ABC} = \alpha$)

De même si on considère les droites parallèles (d) et (BC) et la sécante (AC).

Les angles alternes internes, soit $\widehat{ACB}$ et β, ont même mesure. ($\widehat{ACB} = \beta$)

On a $\alpha + \widehat{BAC} + \beta = 180°$. En remplaçant α et β il vient : soit $\widehat{ABC} + \widehat{BCA} + \widehat{ACB} = 180°$.

On en déduit que la somme des angles d'un triangle est égale à 180°.

Exercice 10

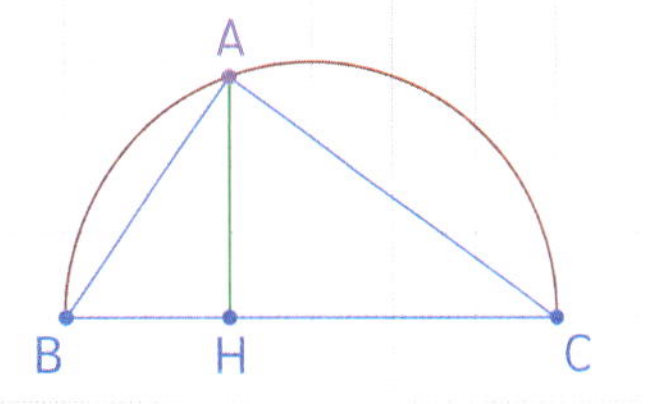

Le triangle ABC est rectangle en A car inscrit dans le cercle de diamètre [BC].
D'après le théorème de Pythagore appliqué au triangle ABC, on a $BC^2 = AB^2 + AC^2$, soit $AC^2 = BC^2 - AB^2$.
Considérons les deux triangles AHB et AHC rectangles en H. D'après le théorème de Pythagore appliqué à ces deux triangles, on a : $AH^2 = AB^2 - BH^2$ et $AH^2 = AC^2 - HC^2$.
On en déduit que $AB^2 - BH^2 = AC^2 - HC^2$ avec $AC^2 = BC^2 - AB^2$
On a donc $AB^2 - BH^2 = BC^2 - AB^2 - HC^2$, soit $2AB^2 = BC^2 - HC^2 + BH^2$
Sachant que BC = 3, BH = 1 et HC = 2, il vient :
$2AB^2 = 3^2 - 2^2 + 1^2 = 6$, soit $AB^2 = 3$
d'où $AB = \sqrt{3}$

Exercice 11

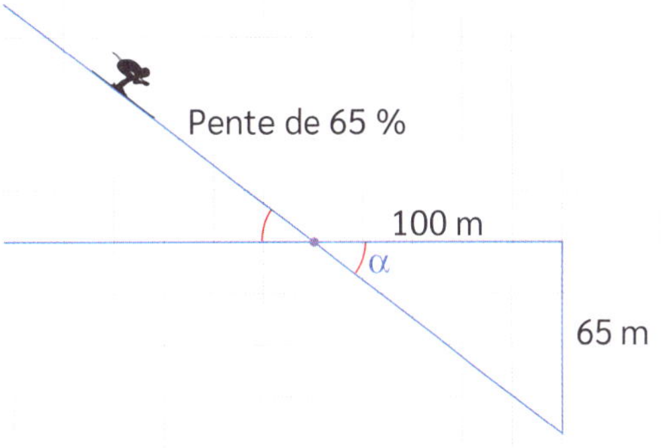

Désignons par α cet angle.
Une pente de 65 % signifie que sur 100 m le skieur descend de 65 m.
On a donc $\tan(\alpha) = \dfrac{65}{100}$
$\left(\tan(\alpha) = \dfrac{\text{côté opposé}}{\text{côté adjacent}}\right)$,
On a donc $\alpha = \tan^{-1}(0{,}65)$, soit $\alpha \approx 33°$ arrondi au degré près.

Exercice 12

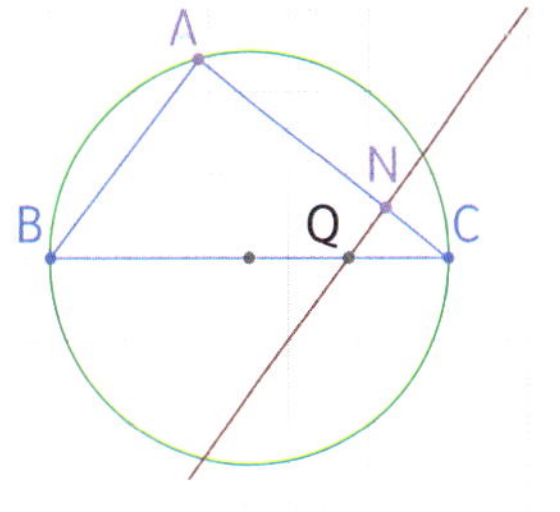

Le triangle ABC inscrit dans le cercle de diamètre [BC] est rectangle en A. D'après le théorème de Pythagore appliqué à ce triangle, on a $BC^2 = AB^2 + AC^2$, soit $AC^2 = BC^2 - AB^2$
On a donc $AC^2 = 5^2 - 3^2 = 16$, soit AC = 4 cm. Comme les droites (AB) et (QN) sont perpendiculaires à une même troisième droite (AC), alors elles sont parallèles.
Comme les points C, N, A d'une part et C, Q, B d'autre part sont alignés dans cet ordre et que les droites (AB) et (QN) sont parallèles, alors d'après le théorème de Thalès, $\dfrac{CQ}{CB} = \dfrac{CN}{CA}$. On a donc $QC = BC \times \dfrac{CN}{AC}$, soit $QC = 5 \times \dfrac{1}{4}$ cm.
On a donc QC = 1,25 cm.

☑ NIVEAU 3

Exercice 13

a) Comme le carré a 10 cm de côté alors le diamètre du disque doit être au plus égal à 10 cm. Par conséquent, le rayon *r* du disque peut varier entre 0 et 5 cm, soit $0 \leq r \leq 5$.
b) L'aire du disque est égale à $\pi \times r^2$, celle du carré à 10^2, soit 100 cm².
On a donc $\pi \times r^2 = \dfrac{100}{4}$, $r^2 = \dfrac{25}{\pi}$, soit $r = \dfrac{5}{\sqrt{\pi}}$ cm ou *r* = 2,82 cm, valeur arrondie au centième.

c) 1. La formule saisie dans la cellule B2 pour calculer l'aire du disque est : =PI()*A2^2 ou =PI()*A2*A2

2. Pour que l'aire du disque soit égale à l'aire de la surface grisée il suffit que l'aire du disque soit égale à la moitié de l'aire du carré soit 50 cm².
En effet Aire grisée = $100 - \pi r^2$ et Aire du disque = πr^2,
on a donc $100 - \pi r^2 = \pi r^2$, soit $2\pi r^2 = 100$, d'où $\pi r^2 = 50$ cm².
D'après la feuille de calcul on en déduit l'encadrement suivant de r_0 rayon du disque : $3{,}5 < r_0 < 4$.

3. On a donc $\pi r_0{}^2 = 50$, $r_0^2 = \dfrac{50}{\pi}$, soit $r_0 = \sqrt{\dfrac{50}{\pi}} = 5\sqrt{\dfrac{2}{\pi}}$ cm ou 3,99 cm arrondi au centième.

4. Pour que l'aire du disque soit égale au tiers de l'aire de la surface grisée, il suffit que l'aire du disque soit égale au quart de l'aire du carré, soit 25 cm².
En effet, l'aire de la surface grisée est égale à $100 - \pi r_1{}^2$.
On a donc $\pi r_1^2 = \dfrac{1}{3}(100 - \pi r_1^2)$,
$3\pi r_1^2 = 100 - \pi r_1^2$,
$4\pi r_1^2 = 100$, soit $\pi r_1^2 = \dfrac{100}{4} = 25$ cm²
On a donc $r_1^2 = \dfrac{25}{\pi}$, soit $r_1 = \dfrac{5}{\sqrt{\pi}}$ cm ou $r_1 = 2{,}82$ cm au dixième de millimètre.

Exercice 14

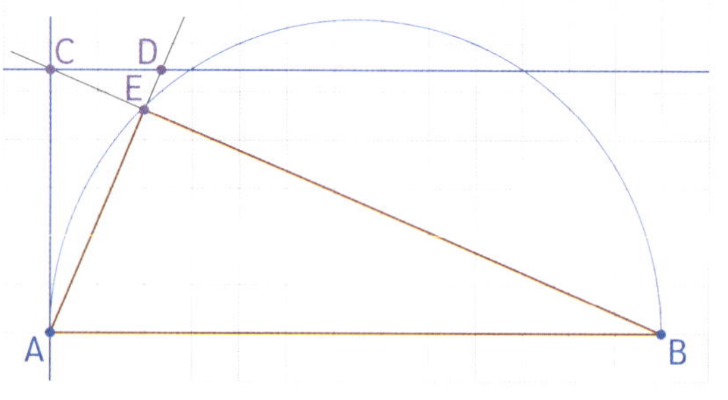

L'aire du triangle CEA rectangle en E est donnée par : $A(CEA) = \dfrac{AE \times CE}{2}$

Calculons CE sachant que AE = 5 cm.
Considérons le triangle AEB rectangle en E.
$\sin(\widehat{ABE}) = \sin(\widehat{ABC}) = \dfrac{AE}{AB} = \dfrac{5}{13}$, d'où
$\widehat{ABC} = \sin^{-1}\left(\dfrac{5}{13}\right)$ (on gardera la valeur exacte).

Considérons le triangle ABC rectangle en A.
$\tan(\widehat{ABC}) = \dfrac{AC}{AB} = \dfrac{AC}{13}$, d'où $AC = 13 \times \tan(\widehat{ABC})$
On a donc $AC = 13 \times \tan\left(\sin^{-1}\left(\dfrac{5}{13}\right)\right)$, soit $AC \approx 5{,}42$ cm.

Appliquons le théorème de Pythagore au triangle CEA rectangle en E.
On a $AC^2 = CE^2 + EA^2$, soit $CE^2 = AC^2 - EA^2 \approx 5{,}42^2 - 5^2 \approx 4{,}3754$, on en déduit $CE \approx \sqrt{4{,}3764}$, soit $CE \approx 2{,}09$ cm
On a donc $A(CEA) = \dfrac{AE \times CE}{2}$, soit $A(CEA) = \dfrac{5 \times 2{,}09}{2}$ cm². On a donc $A(CEA) \approx 5{,}225$ cm².

PARTIE 12

QUADRILATÈRES ET POLYGONES

EXERCICES

Les figures dans l'ouvrage ne sont pas à l'échelle.

☐ NIVEAU 1

Exercice 1

Parmi les phrases suivantes, lesquelles sont vraies ? Entourez la bonne réponse :

a) Si un quadrilatère est un losange, ses diagonales ont même milieu. vrai faux

b) Si un quadrilatère convexe a ses diagonales qui ont même milieu, c'est un losange. vrai faux

c) Un parallélogramme est un losange si il a trois côtés consécutifs de même longueur. vrai faux

d) Un parallélogramme est un losange si il a ses diagonales perpendiculaires. vrai faux

e) Si un quadrilatère est un rectangle, ses diagonales sont perpendiculaires. vrai faux

f) Si un quadrilatère convexe a tous ses côtés de même longueur, c'est un carré. vrai faux

g) Un parallélogramme est un rectangle si il a 1 angle droit. vrai faux

h) Si un quadrilatère convexe a trois angles droits, c'est un rectangle. vrai faux

i) Un quadrilatère convexe est un rectangle si il a ses diagonales de même longueur. vrai faux

j) Tout carré est un rectangle. vrai faux

k) Tout parallélogramme est un losange. vrai faux

l) Tout losange est un parallélogramme. vrai faux

Exercice 2

Trois triangles équilatéraux identiques sont découpés dans les coins d'un triangle équilatéral de côté 6 cm. La somme des périmètres des trois petits triangles est égale au périmètre de l'hexagone en vert restant. Quelle est la mesure du côté des petits triangles ?

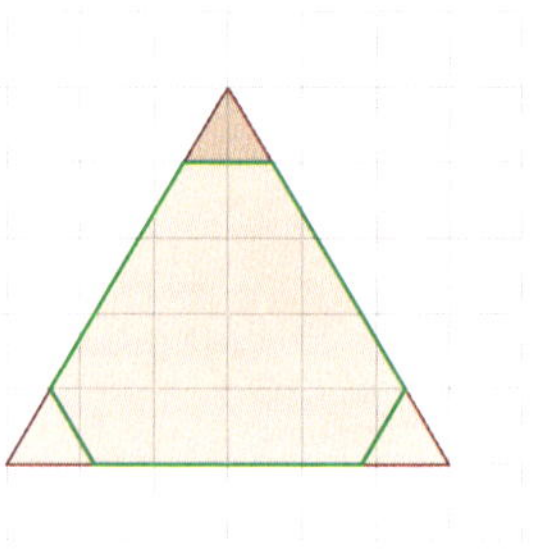

....

....

Exercice 3

a) On considère les polygones réguliers suivants :

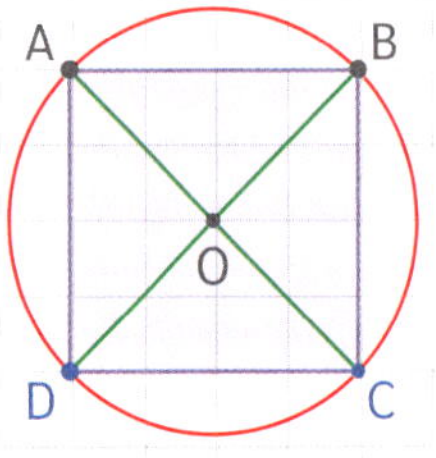

1. Carré

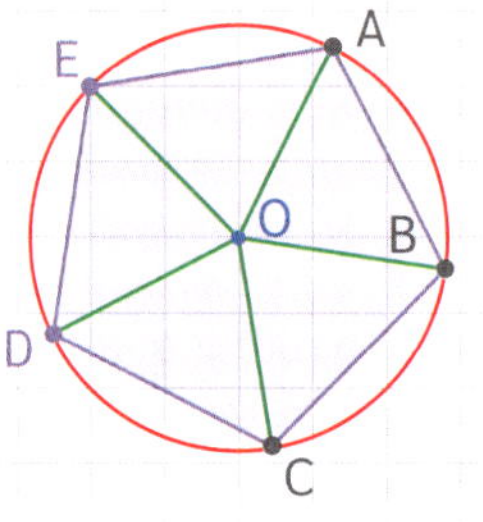

2. Pentagone régulier

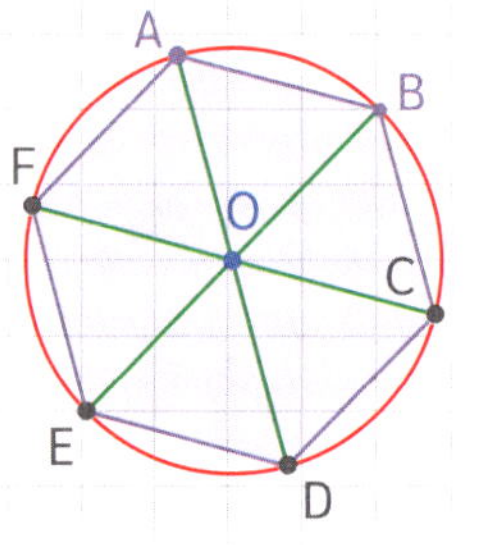

3. Hexagone régulier

1. Le carré : expliquez pourquoi l'angle $\widehat{AOB}$ mesure 90°.

....

....

2. Le pentagone régulier : expliquez pourquoi l'angle $\widehat{AOB}$ mesure 72°.

....

....

3. Soit un hexagone régulier : calculez la mesure de l'angle $\widehat{AOB}$.

....

....

b) Un polygone régulier a des côtés de longueur 5 cm. Les angles à la base des triangles isocèles de sommet O mesurent 70°. Calculer le périmètre de ce polygone.

....

....

☐ NIVEAU 2

Exercice 4

Soit ABCD un losange. Soit E le milieu de [AB]. La parallèle à (AD) passant par E coupe (AC) en F et (DC) en G. Montrez que F est le milieu de [AC] et que G est le milieu de [DC].

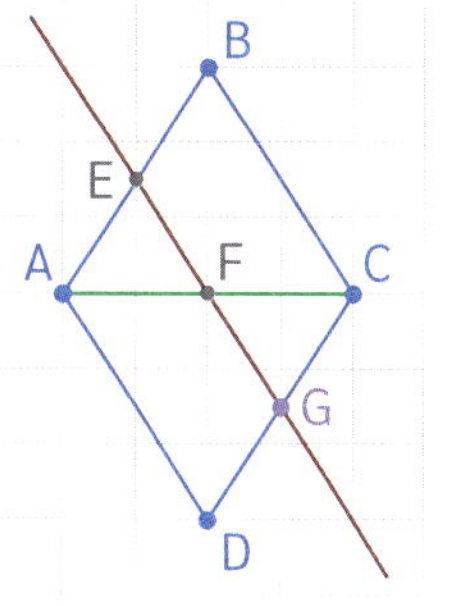

....

....

Exercice 5

Soit un parallélogramme ABCD de centre O et M le milieu de [DC]. La droite (AM) coupe (BD) en I. Démontrez que DI = $\frac{1}{3}$ DB.

....

....

Exercice 6

On rappelle la formule suivante : Volume d'un prisme $V = B \times h$, où B désigne l'aire de la base du prisme et h sa hauteur.

Les confitures produites sont conditionnées dans des pots. Les pots sont remplis au maximum à 90 % de leur volume. Le pot est un prisme (figure A) dont la base (figure B) est un hexagone régulier de centre O. Sa hauteur est de 8 cm et les côtés de l'hexagone régulier mesurent 4 cm.

Figure A : pot

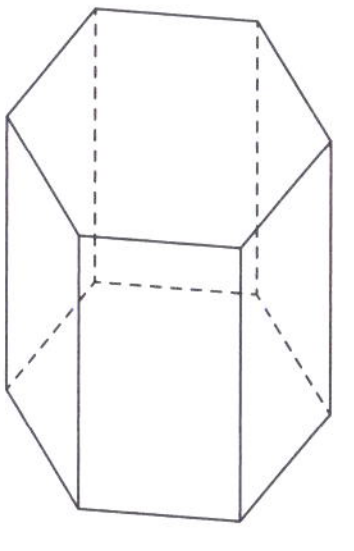

Figure B : base du pot

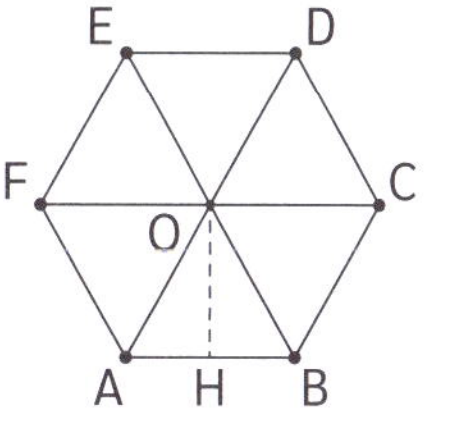

On admet que les six triangles OAB, OBC, OCD, ODE, OEF et OFA sont des triangles équilatéraux. On admet également que l'aire d'un triangle équilatéral ayant des côtés de longueur x est $\frac{\sqrt{3}}{4}x^2$.

a) Montrer que l'aire de l'hexagone ABCDEF est égale à $24\sqrt{3}$ cm².

....

b) En déduire le volume du pot, en centimètre cube, arrondi à l'entier.

....

c) Quel volume maximum de confiture, en centimètre cube, arrondi à l'entier, peut-il contenir ?

....

Exercice 7

Dans une ruche, le miel est stocké par les abeilles dans des alvéoles. On considère que l'entrée de ces alvéoles a la forme d'un hexagone régulier, c'est-à-dire d'un hexagone non croisé, ayant tous ses côtés de même longueur et tous ses angles de même mesure.

Soit l'hexagone régulier ABCDEF. On note x la longueur d'un de ses côtés. Cet hexagone est inscrit dans un cercle de centre O.

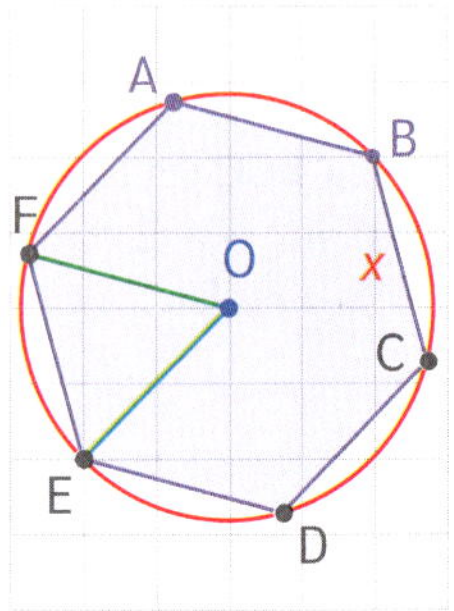

a) Montrez que le triangle FOE est un triangle équilatéral.

On admet que l'aire d'un triangle équilatéral ayant des côtés de longueur x est $\frac{\sqrt{3}}{4}x^2$.

....

b) Déterminez l'aire de l'hexagone ABCDEF en fonction de x.

....

c) Le périmètre de l'hexagone régulier vaut 18 mm. Montrez que l'aire de cet hexagone, arrondie au millième près, vaut 0,234 cm^2.

....

....

Exercice 8

Soit un rectangle ABCD de centre O. Soit M le milieu de [AD]. La bissectrice de l'angle $\widehat{MAO}$ coupe le segment [MO] en I. Démontrez que la droite (DI) est la bissectrice de l'angle $\widehat{MDO}$.

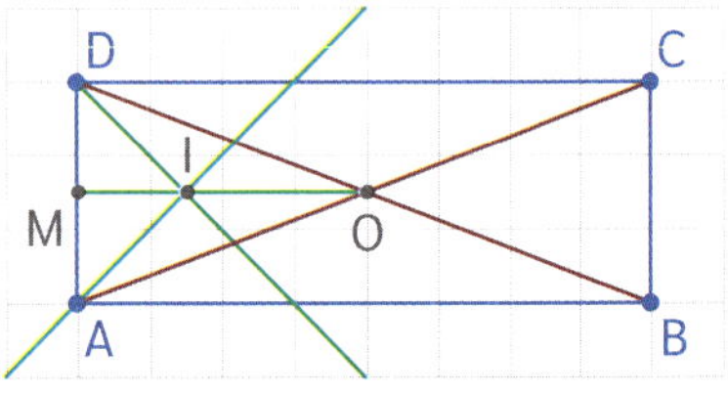

....

....

....

Exercice 9

Voici un octogone régulier ABCDEFGH.

a) Démontrez que le triangle DAH est rectangle.

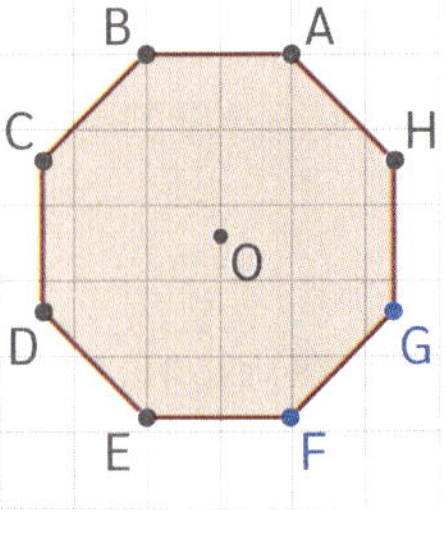

....

....

b) Calculez la mesure de l'angle $\widehat{BEH}$.

....

....

☐ NIVEAU 3

Exercice 10

Sur la figure ci-contre, qui n'est pas dessinée en vraie grandeur, C est un cercle de centre O et de rayon 5 cm. Le segment [AB] est un diamètre de ce cercle. Les points M et N sont les intersections du cercle C avec la médiatrice du segment [OB]. Le point I est le milieu de [OB]. Le point S est le symétrique du point M par rapport au point O.

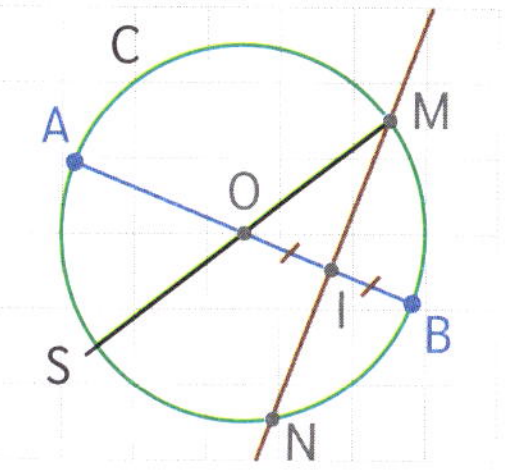

Cette figure n'est pas dessinée en vraie grandeur.

a) Quelle est la nature du triangle AMB ? Justifiez.

....

b) Démontrez que le quadrilatère AMBS est un rectangle.

....

....

c) Calculez la valeur exacte de l'aire du rectangle AMBS.

....

....

....

d) Démontrez que le quadrilatère OMBN est un losange.

....

....

Exercice 11

Soit PQRS un parallélogramme de centre O ; E et F les points tels que les quadrilatères PQSE et PQFR soient des parallélogrammes et I le point d'intersection des droites (PE) et (QF).

a) Démontrez que le quadrilatère IPOQ est un parallélogramme.

....

....

b) À quelles conditions, portant sur la nature de PQRS, le quadrilatère IPOQ sera-t-il un rectangle ? Un losange ?

....

....

c) Calculez le rapport $\frac{IP}{IE}$.

....

....

Exercice 12

On considère le triangle ABC rectangle en A, tel que AB = 6 cm et AC = 8 cm.
Quatre points I, P, R et Q sont définis de la façon suivante :

- **I est un point du segment [AB] ;**
- **P est le point du segment [BC] tel que (PI) est perpendiculaire à (BC) ;**
- **R est le point du segment [AC] tel que (RI) est parallèle à (BC) ;**
- **Q est le point du segment [BC] tel que (RQ) est perpendiculaire à (BC).**

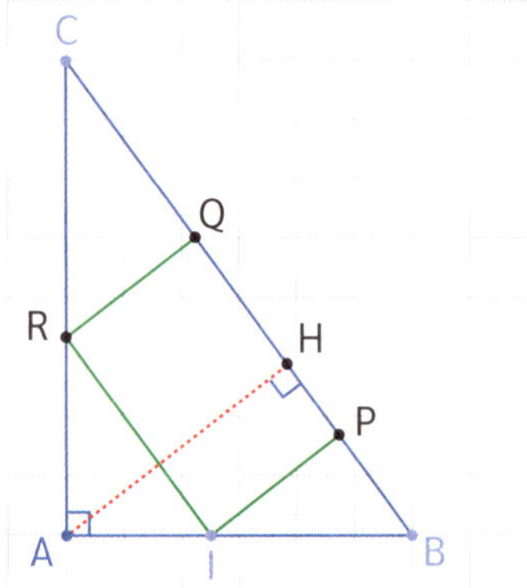

a) Démontrez que IPQR est un rectangle.

....

....

....

b) Calculez BC.

....

....

c) Soit H le pied de la hauteur issue de A dans le triangle ABC.

1. Expliquez pourquoi $\frac{AH \times BC}{2} = \frac{AC \times AB}{2}$.

....

....

2. Déduisez-en AH.

Le point I est mobile sur le segment [AB], la longueur AI est donc variable. On pose AI = x, où x est un nombre compris entre 0 et 6.

....

....

d) 1. Démontrez que les droites (IP) et (AH) sont parallèles.

....

....

2. Déduisez-en que IP = 4,8 – 0,8x.

....

....

e) 1. Justifiez que $\frac{IR}{BC} = \frac{AI}{AB}$.

....

....

2. Déduisez-en que IR = $\frac{5}{3}x$.

....

....

CORRIGÉS

☑ NIVEAU 1

Exercice 1

a) Vrai : un losange est un parallélogramme qui a deux côtés consécutifs de même longueur ou des diagonales perpendiculaires. Or un quadrilatère dont les diagonales ont même milieu est un parallélogramme. Il en donc de même pour un losange.
b) Faux : un quadrilatère qui satisfait cette seule condition est un parallélogramme et donc pas nécessairement un losange. C'est une condition nécessaire mais non pas suffisante.
c) Vrai : un losange est un parallélogramme qui a deux côtés consécutifs de même longueur et à fortiori trois côtés de même longueur. Voir a).
d) Vrai : voir a).
e) Faux : les diagonales d'un rectangle ne sont pas perpendiculaires.
f) Faux : un quadrilatère convexe dont tous ses côtés ont même longueur est un losange. Pour que ce quadrilatère soit un carré, il faut qu'il ait soit deux côtés consécutifs perpendiculaires, soit des diagonales de même longueur.
g) Vrai : un parallélogramme est un rectangle qui a deux côtés consécutifs perpendiculaires.
h) Vrai : comme la somme des angles d'un quadrilatère est égale à 360° alors pour qu'un quadrilatère convexe soit un rectangle, il suffit qu'il ait trois angles droits.
i) Faux : cette condition est nécessaire mais non pas suffisante. Pour que ce quadrilatère soit un rectangle, il faut que ses diagonales aient même longueur et même milieu.
j) Vrai : un carré est un rectangle qui a deux côtés consécutifs de même longueur.
k) Faux : un parallélogramme n'a pas nécessairement deux côtés consécutifs de même longueur ou des diagonales perpendiculaires.
l) Vrai : tout losange est un parallélogramme. Voir a).

Exercice 2

Soit c la mesure d'un côté de l'un des petits triangles équilatéraux.
L'hexagone représenté en vert a trois côtés de longueur c et trois côtés de longueur $6 - 2c$.
On a donc $3 \times 3c = 3c + 3(6 - 2c)$,
En développant $9c = 3c + 18 - 6c$, soit $9c = 18 - 3c$
En ajoutant $3c$ aux deux membres de l'égalité : $9c + 3c = 18$ soit $12c = 18$
En divisant les deux membres de l'égalité par 12 : $c = \frac{18}{12} = \frac{3}{2}$.
Réponse : $c = 1{,}5$ cm.

Exercice 3

a) 1. Comme AB = BC et DA = DC car ABCD est un carré alors la droite (BD) est la médiatrice de [AC] passant par O. On a donc $\widehat{AOB} = 90°$.
2. Les cinq triangles isocèles de sommet O sont isométriques. En effet, OA = OB = OC = OD = OE (rayons du cercle de centre O) et AB = BC = CD = DE = EA car ABCDE est un pentagone régulier. On en déduit que les cinq angles au centre O ont même mesure.

On a donc $\widehat{AOB} = \frac{360°}{5}$, soit $\widehat{AOB} = 72°$

3. Même raisonnement que précédemment.
On a cette fois-ci six triangles isocèles isométriques de sommet O.
Comme les six angles au centre O ont même mesure alors $\widehat{AOB} = \frac{360°}{6}$, soit $\widehat{AOB} = 60°$.

REMARQUE

Un triangle isocèle dont la mesure de l'angle au sommet est égale à 60° est nécessairement équilatéral.

b) Considérons un des triangles isocèles extrait de ce polygone, OAB par exemple. Comme la somme des angles d'un triangle est égale à 180° on en déduit la mesure de l'angle au centre $\widehat{AOB}$.
On a $\widehat{AOB} = 180° - 2 \times 70°$, soit $\widehat{AOB} = 40°$.
Le nombre de côtés de ce polygone est donc égal à $\frac{360°}{40°}$, soit 9 côtés.
Son périmètre est donc égal à 9×5, soit 45 cm.

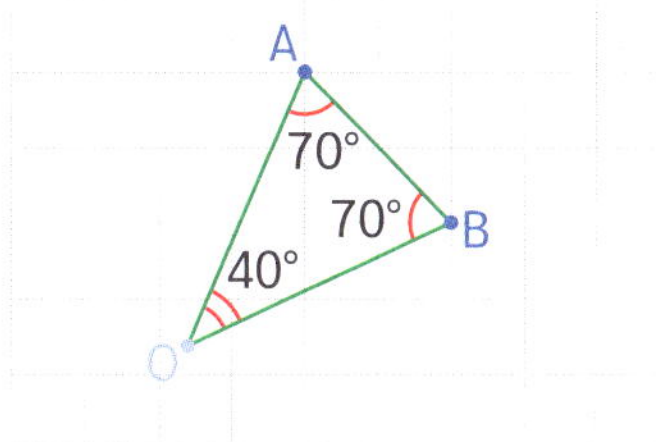

NIVEAU 2

Exercice 4

Considérons le triangle ABC. La droite (EF) est parallèle à (AD) et donc parallèle à (BC) car le quadrilatère ABCD est un losange.
Comme E est le milieu de [AB] et que (EF) est parallèle à (BC) alors cette droite coupe le côté [AC] en son milieu F car d'après le théorème de la droite des milieux, si une droite passe par le milieu d'un côté et est parallèle à un deuxième côté, alors elle coupe le troisième côté en son milieu.
Même raisonnement en appliquant le théorème de la droite des milieux au triangle ACD.
Comme F est le milieu de [AC] et que la droite (FG) est parallèle à (AD) alors d'après le théorème de la droite des milieux, cette droite coupe le côté [DC] en son milieu G.

Exercice 5

Considérons le triangle ADC. Les droites (AM) et (DO) sont les médianes relatives aux côtés [DC] et [AC] respectivement. Le point I point de concours de ces médianes est aux deux tiers de chaque médiane à partir du sommet.

On a donc $DI = \frac{2}{3}DO$

Comme O est le milieu de [DB], alors $DO = \frac{1}{2}DB$

On a donc $DI = \frac{2}{3}\left(\frac{1}{2}DB\right)$, d'où $DI = \frac{1}{3}DB$.

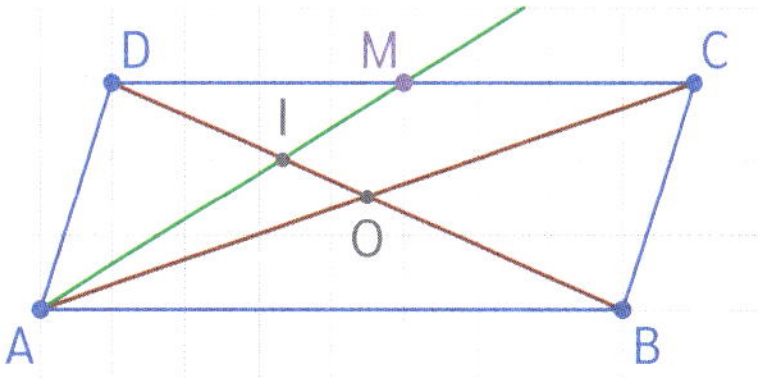

Exercice 6

a) L'aire de l'hexagone en fonction de x est égale à $6 \times \frac{\sqrt{3}}{4}x^2$, soit $\frac{3\sqrt{3}}{2}x^2$.

En remplaçant x par 4 cm l'aire de l'hexagone ABCDEF est égale à $\frac{3\sqrt{3}}{2}4^2 = \frac{48\sqrt{3}}{2}$, soit $24\sqrt{3}$ cm².
b) On en déduit que le volume du pot est égal à $24\sqrt{3} \times 8$ cm³ $= 192\sqrt{3}$ cm³, soit $192\sqrt{3}$ cm³, soit 333 cm³ arrondi à l'entier.
c) Comme les pots sont remplis au maximum à 90 % de leur volume alors le volume maximum de confiture que le pot peut contenir est égal à $333 \times 0{,}9$ cm³, soit 300 cm³ arrondi à l'entier.

Exercice 7
a) Le triangle FOE est un triangle isocèle de sommet O. De plus $\widehat{FOE} = \frac{360°}{6} = 60°$. On en déduit que FOE est un triangle équilatéral car $\widehat{OFE} = \widehat{FEO} = \frac{180° - 60°}{2} = 60°$.
b) L'aire de l'hexagone en fonction de x est égale à $6 \times \frac{\sqrt{3}}{4}x^2$, soit $\frac{3\sqrt{3}}{2}x^2$
c) Comme le périmètre de l'hexagone vaut 18 mm alors la longueur d'un de ses côtés vaut $\frac{18}{6}$ mm, soit 0,3 cm
En remplaçant x par sa valeur dans $\frac{3\sqrt{3}}{2}x^2$ il vient : $\frac{3\sqrt{3}}{2} \times 0{,}3^2$ cm², soit 0,234 cm². arrondie au millième près.

Exercice 8
Le triangle AOD est isocèle de sommet O. Comme M est le milieu de [AD] alors la droite (OM) est à la fois, médiane, médiatrice, hauteur et bissectrice de l'angle $\widehat{AOD}$.
La droite (AI) est la bissectrice de l'angle $\widehat{MAO}$.
Ces deux bissectrices se coupent au point I.
Comme les bissectrices d'un triangle concourent en un point, ici le point I, alors la droite la droite (DI) est la troisième bissectrice de ce triangle issue du sommet D.
On en déduit que la droite (DI) est la bissectrice de l'angle $\widehat{MDO}$.

Exercice 9

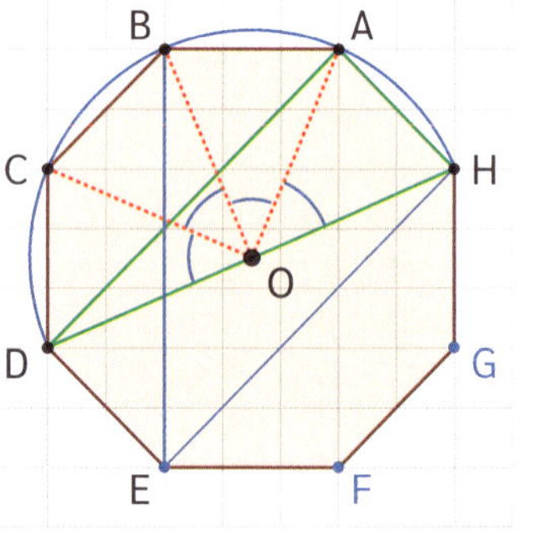

a) L'octogone régulier ABCDEFGH est inscrit dans le cercle de centre O. Démontrons que l'angle $\widehat{DOH}$ est un angle plat.
Les angles $\widehat{DOC}$, $\widehat{COB}$, $\widehat{BOA}$, $\widehat{AOH}$ sont des angles adjacents mesurant chacun $\frac{360°}{8} = 45°$.
On a donc $\widehat{DOH} = \widehat{DOC} + \widehat{COB} + \widehat{BOA} + \widehat{AOH} = 4 \times 45°$, soit $\widehat{DOH} = 180°$.
Comme les points D, O et H sont alignés alors DH est le diamètre du cercle de centre O.
On en déduit que le triangle DAH est rectangle en A car inscrit dans le cercle de diamètre [DH].
b) Comme l'angle inscrit $\widehat{BEH}$ intercepte le même arc $\overset{\frown}{BH}$ que l'angle au centre $\widehat{BOH}$ alors $\widehat{BEH} = \frac{1}{2}\widehat{BOH}$. De plus $\widehat{BOH} = \widehat{BOA} + \widehat{AOH} = 2 \times 45° = 90°$. On en déduit que $\widehat{BEH} = \frac{1}{2} \times 90°$, d'où $\widehat{BEH} = 45°$.

☑ NIVEAU 3

Exercice 10

a) Comme le triangle AMB est inscrit dans le cercle de diamètre [AB] alors il est rectangle en M.
b) Comme le point S est le symétrique du point M par rapport au point O alors O est le milieu de [MS]. Le quadrilatère AMBS est un parallélogramme car ses diagonales [AB] et [MS] ont même milieu O. De plus ce parallélogramme a deux côtés consécutifs perpendiculaires, l'angle $\widehat{AMB}$ étant droit, c'est donc un rectangle.
c) L'aire du rectangle AMBS est égale à deux fois l'aire du triangle rectangle AMB.
Dans le triangle AMB, (MI) est la hauteur issue du sommet M relative au côté [AB].

L'aire du triangle AMB est donc : $\mathcal{A}(AMB) = \dfrac{MI \times AB}{2}$

Calculons MI. Comme I est le milieu de [OB] alors $OI = \dfrac{OB}{2} = \dfrac{5}{2}$ cm et AB = 10 cm

D'après le théorème de Pythagore appliqué au triangle OIM, rectangle en I il vient : $OM^2 = OI^2 + MI^2$ soit $MI^2 = OM^2 - OI^2$

On a donc $MI^2 = 5^2 - \left(\dfrac{5}{2}\right)^2 = 25 - \dfrac{25}{4} = \dfrac{75}{4}$, soit $MI = \sqrt{\dfrac{75}{4}} = \dfrac{5\sqrt{3}}{2}$ cm.

Comme AB = 10 cm et $MI = \dfrac{5\sqrt{3}}{2}$ cm alors $\mathcal{A}(AMB) = \dfrac{\dfrac{5\sqrt{3}}{2} \times 10}{2}$ cm², soit $\mathcal{A}(AMB) = \dfrac{25\sqrt{3}}{2}$ cm².

On en déduit l'aire du rectangle AMBS : $\mathcal{A}(AMBS) = 2 \times \mathcal{A}(AMB)$

On a donc $\mathcal{A}(AMBS) = 2 \times \dfrac{25\sqrt{3}}{2}$ cm², d'où $\mathcal{A}(AMBS) = 25\sqrt{3}$ cm²

d) Le triangle OMN est isocèle car OM = ON comme rayons d'un même cercle.
La droite (OI) est perpendiculaire au côté [MN], c'est donc une hauteur mais aussi une médiatrice car le triangle OMN est isocèle. On en déduit que le point I est aussi le milieu de [MN]. Comme les diagonales [OB] et [MN] du quadrilatère OMBN sont perpendiculaires en leur milieu alors OMBN est un losange.

REMARQUE

Un quadrilatère dont les diagonales ont même milieu est un parallélogramme.
Un parallélogramme dont les diagonales sont perpendiculaires est un losange.

Exercice 11

a) Comme le quadrilatère PQSE est un parallélogramme alors les droites (SO) et (EP) sont parallèles. On en déduit que les droites (OQ) et (PI) sont parallèles car les points S, O, Q d'une part et E, P, I d'autre part sont alignés dans cet ordre.
De même comme le quadrilatère PQFR est un parallélogramme alors les droites (FQ) et (RP) sont parallèles. On en déduit que les droites (QI) et (OP) sont parallèles car les points F, Q, I d'une part et R O, P d'autre part sont alignés. dans cet ordre.

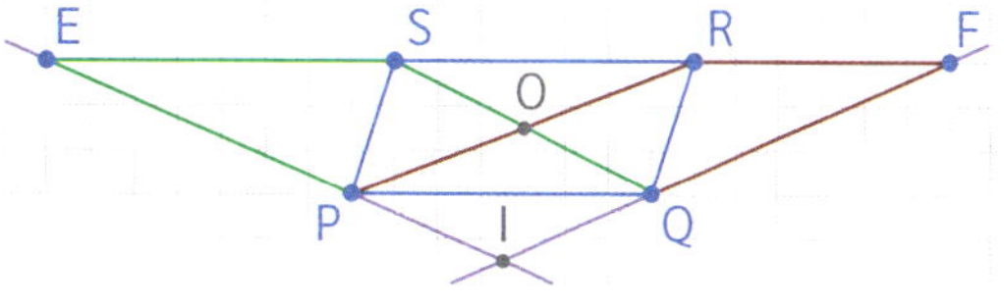

Le quadrilatère IPOQ est un parallélogramme car il a des côtés parallèles deux à deux.

b) Pour que le parallélogramme IPOQ soit un rectangle, il suffit qu'il ait deux côtés consécutifs perpendiculaires. Pour cela il suffit que les diagonales du parallélogramme PQRS soient perpendiculaires, c'est à dire que PQRS soit un losange.
Pour que le parallélogramme IPOQ soit un losange, il suffit que ses deux côtés consécutifs aient même longueur. Pour cela il suffit que les diagonales du parallélogramme PQRS aient même longueur, c'est-à-dire que PQRS soit un rectangle.
c) On a PQ = SR car PQRS est un parallélogramme et PQ = SE car PQSE est un parallélogramme. On en déduit que SR = SE. De même RF = PQ car PQFR est un parallélogramme. On en déduit que SR = SE = RF. Comme les points E, P, I d'une part et E, R, F d'autre part sont alignés dans cet ordre et que les droites (PR) et (IF) sont parallèles, alors d'après le théorème de Thalès on a : $\frac{IP}{IE} = \frac{FR}{FE}$. Comme FE = FR + RS + SE et que FR = RS = SE alors FE = 3 FR, d'où $FR = \frac{1}{3}FE$, soit $\frac{FR}{FE} = \frac{1}{3}$. On en déduit que $\frac{IP}{IE} = \frac{1}{3}$.

Exercice 12

a) Comme les droites (RI) et (BC) sont parallèles et que la droite (RQ) est perpendiculaire à (BC) en Q alors (RQ) est aussi perpendiculaire à (RI) en R car lorsque deux droites sont parallèles, toute perpendiculaire à l'une est perpendiculaire à l'autre.
On a donc par construction IPQ = PQR = 90° et on a montré que IRQ = 90°.
On en déduit que le quadrilatère IPQR qui possède trois angles droits est un rectangle.
b) D'après le théorème de Pythagore appliqué au triangle ABC rectangle en A on a : $BC^2 = AB^2 + AC^2$, soit $BC^2 = 6^2 + 8^2 = 100$, d'où $BC = \sqrt{100} = 10$ cm.
c) 1. On peut calculer l'aire du triangle rectangle ABC de deux manières différentes. $\mathcal{A}(ABC) = \frac{AH \times BC}{2}$, BC étant la base et AH la hauteur.
$\mathcal{A}(ABC) = \frac{AC \times AB}{2}$, comme ABC est un triangle rectangle alors AC est la base et AB la hauteur ou inversement. On en déduit que $\mathcal{A}(ABC) = \frac{AH \times BC}{2} = \frac{AC \times AB}{2}$.

2. On a donc $A(ABC) = \frac{8 \times 6}{2} = 24$ cm², soit $\frac{AH \times BC}{2} = 24$
puis en remplaçant BC par sa valeur il vient : $\frac{AH \times 10}{2} = 24$
d'où AH = 4,8 cm
d) 1. Comme les droites (IP) et (AH) sont perpendiculaires à une même troisième droite (BC) alors elles sont parallèles.

2. Comme les points B, I, A d'une part et B, P, H d'autre part sont alignés dans cet ordre et que les droites (IP) et (AH) sont parallèles alors d'après le théorème de Thalès on a : $\frac{BI}{BA} = \frac{BP}{BH} = \frac{IP}{AH}$. On a donc $\frac{IP}{AH} = \frac{BI}{BA}$, soit $IP = AH \times \frac{BI}{BA}$ avec AH = 4,8, BI = 6 – x et BA = 6.
On en déduit que $IP = 4{,}8 \times \frac{6 - x}{6}$, d'où $IP = 4{,}8 - 0{,}8x$.

e) 1. Comme les points A, I, B d'une part et A, R, C d'autre part sont alignés dans cet ordre et que les droites (IR) et (BC) sont parallèles alors d'après le théorème de Thalès on a : $\frac{AI}{BA} = \frac{AR}{AC} = \frac{IR}{BC}$ d'où $\frac{IR}{BC} = \frac{AI}{BA}$.

2. On a $IR = BC \times \frac{AI}{BA}$, soit $IR = 10 \times \frac{x}{6}$, d'où $IR = \frac{5}{3}x$.

PARTIE 13

TRANSFORMATIONS PLANES

EXERCICES

Munissez-vous d'une feuille, d'un crayon, d'un compas et d'une règle pour construire les figures. Les figures dans l'ouvrage ne sont pas à l'échelle.
Entrainez-vous encore plus en construisant systématiquement les figures décrites dans les énoncés !

☐ NIVEAU 1

Exercice 1

ABCDEF est un hexagone régulier de centre O.

a) Quel est le symétrique du triangle OCD par rapport au point O ?

....

b) Quel est le symétrique du triangle EFO par rapport à la droite (EO) ?

....

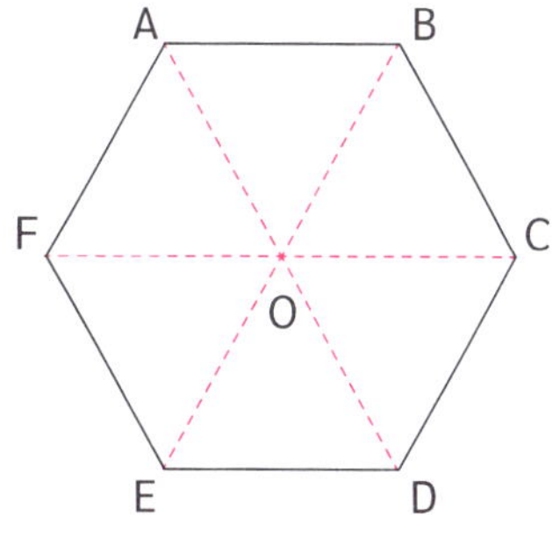

c) Quelle est l'image du triangle OCD par la rotation de centre O, d'angle 60° dans le sens des aiguilles d'une montre ?

....

Exercice 2

Composer successivement deux symétries axiales d'axes parallèles revient à effectuer quelle transformation ? Entourez la bonne réponse :

a) une symétrie axiale b) une translation

Exercice 3

À quelle condition le point M′ est-il l'image du point M par la symétrie d'axe (*d*) ?

a) le milieu du segment [MM′] appartient à (*d*) b) (*d*) est la médiatrice de [MM′]
c) MM′ est perpendiculaire à (*d*)

☐ NIVEAU 2

Exercice 4

a) Construisez :

1. la figure F_1, image de la figure F par la symétrie centrale de centre B (nommer E l'image de A).
2. la figure F_2, image de la figure F_1 par la symétrie centrale de centre C (nommer T l'image de E).

Vous hachurerez, sur le dessin, les figures F_1 et F_2 ainsi obtenues.

b) Quelle transformation permet de passer directement de la figure F à F_2 ?

....

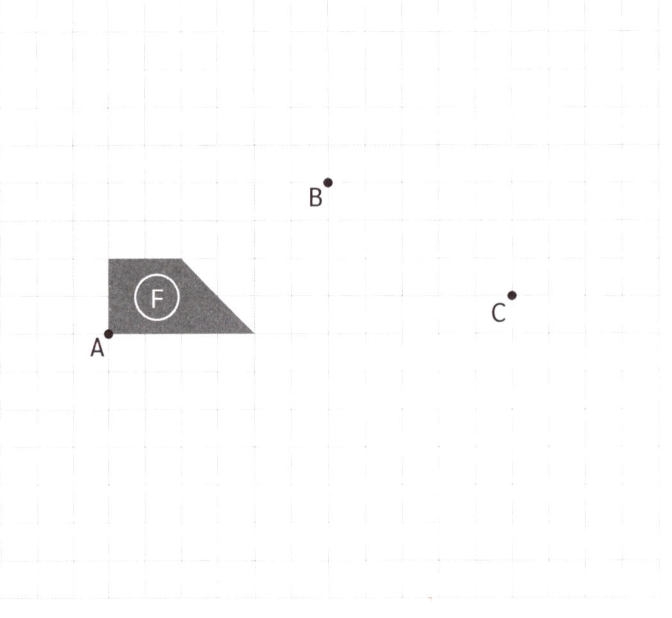

Exercice 5

Munissez-vous d'une feuille et tracez une figure ressemblant à celle ci-contre.

a) Il ne s'agit pas de reproduire exactement cette figure mais d'en respecter la forme et la disposition.

Construisez à la règle et au compas les symétriques A′, B′ et C′ des points A, B et C par rapport à la droite (OI) en laissant apparents les traits de construction.
Construisez à la règle et au compas les symétriques A″, B″ et C″ des points A′, B′ et C′ par rapport à la droite (OJ) en laissant apparents les traits de construction.
b) À partir de l'observation de la figure obtenue, donnez un argument montrant qu'il n'existe pas de symétrie axiale qui transforme les trois points A, B et C en A″, B″ et C″.

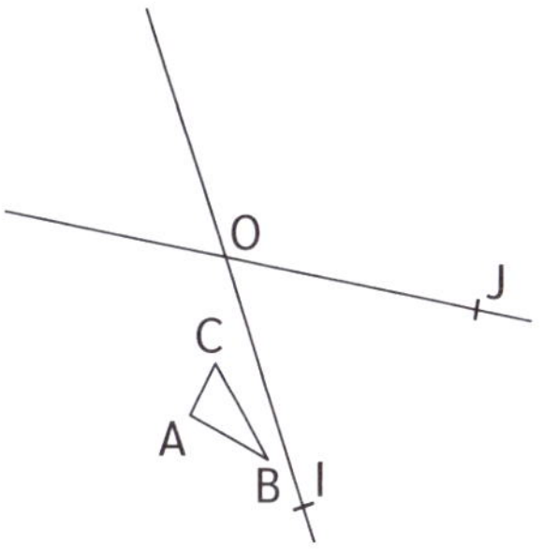

....

c) Montrez que l'angle $\widehat{BOB''}$ vaut le double de l'angle $\widehat{IOJ}$.

....

....

d) Quelle est la transformation du plan qui transforme le triangle ABC en A″B″C″ ?

....

....

Exercice 6

Soit ABCD un parallélogramme de centre O. Soient E et F les images respectives de A et C par la symétrie d'axe (BD). Le quadrilatère AECF est-il un rectangle ? Entourez la bonne réponse :

vrai faux

Exercice 7

Soit un triangle ABC. H est le pied de la hauteur issue de B et I le milieu de [BC]. Soit J le symétrique de H par la symétrie de centre I. Est-il exact que IH = IB ? Entourez la bonne réponse :

vrai faux

Exercice 8

Soient deux triangles rectangles en A isocèles, ABC et ADE, de sens direct (A, B et C, dans cet ordre, sont dans le sens « direct », c'est-à-dire dans le sens inverse des aiguilles d'une montre ; même chose pour A, D et E).
L'affirmation « BD = CE et les droites (BD) et (CE) sont perpendiculaires » est-elle exacte ?

vrai faux

Exercice 9

Construisez un triangle ABC tel que BC = 6 cm, $\widehat{ABC} = 60°$ et $\widehat{ACB} = 30°$. Soit D le symétrique de B par rapport à A et E le symétrique de D par rapport à C.
Les deux triangles BCE et BDE sont-ils rectangles ? Entourez la bonne réponse :

vrai faux

☐ NIVEAU 3

Exercice 10

Sur un quadrillage constitué de carrés, on a placé une droite (*d*), trois points (nommés A, B et M), une figure qui est en forme de fanion et numérotée 1.

a) 1. Construisez l'image de la figure 1 par la symétrie d'axe (*d*) ; numérotez 2 la figure obtenue.
2. Construisez l'image de la figure 1 par la rotation de centre M et d'angle 90° dans le sens des aiguilles d'une montre ; numérotez 3 la figure obtenue.
3. Construisez l'image de la figure 1 par la symétrie de centre A ; numérotez 4 la figure obtenue.
4. Construisez l'image de la figure 4 par la symétrie de centre B ; numérotez 5 la figure obtenue.

b) Par quelle transformation géométrique peut-on passer directement de la figure 1 à la figure 5 ?
Précisez les éléments caractéristiques de cette transformation.

....

....

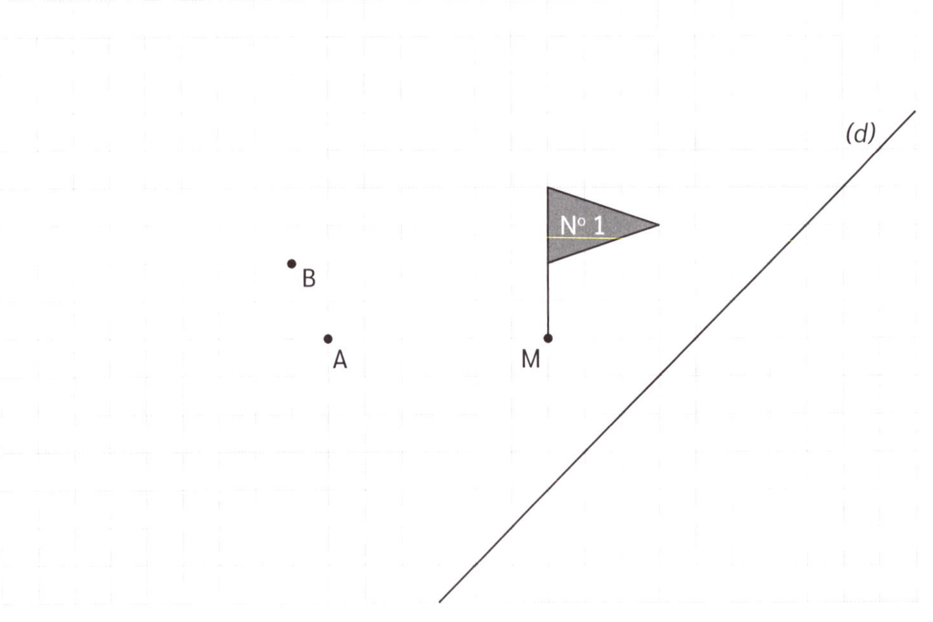

Exercice 11

Soit EFG un triangle isocèle en E tel que FG = 4 cm et EG = 6 cm. Le cercle (C) de diamètre [EG] coupe [FG] en K.

a) Munissez-vous d'une feuille. Réalisez la figure en vraie grandeur.
b) Démontrez que EGK est un triangle rectangle.

....

....

c) Démontrez que K est le milieu de [FG].

....

....

d) Calculez la valeur exacte de EK.

....

....

e) Soit S le point image du point E par la translation qui transforme K en G. En utilisant exclusivement compas et règle non graduée, placez le point s sur la figure, en expliquant cette construction. On laissera apparents les traits de construction.
f) Démontrez que le quadrilatère ESGK est un rectangle.

....

....

g) Déduisez-en que ESGK est inscrit dans le cercle (C).

....

....

Exercice 12

Soit A et A′ deux points distincts du plan. On considère la médiatrice (*d*) du segment [AA′]. Soit B un point du plan n'appartenant ni à la droite (*d*) ni à la droite (AA′).
a) Faites une figure avec : AA′ = 4 cm, AB = 3 cm, et A′B = 4 cm.
b) La droite (*d*) a été préalablement construite. Sur cette figure, construisez, en utilisant uniquement la règle non graduée, le symétrique B′ de B par rapport à la droite (*d*) en justifiant la construction.
c) Cette construction est-elle toujours possible ?

....

....

CORRIGÉS

NIVEAU 1

Exercice 1

a) Il s'agit d'une **symétrie centrale de centre O.**

Pour déterminer l'image d'un triangle, on détermine l'image de chacun des sommets du triangle.

O est un point invariant de la symétrie, on a s(O) = O.

Dans une symétrie centrale de centre O, pour tout point M du plan, on a M′ = s(M) si O est le milieu du segment [MM′].

D'où ici : F est l'image de C et A est l'image de D.

Donc l'image du triangle OCD par la symétrie centrale de centre O est le triangle OAF.

b) Il s'agit **d'une symétrie axiale d'axe (EO).**

L'image d'un triangle est un triangle.

Les points E et O sont sur l'axe de la symétrie donc ils sont invariants : O est l'image de O et E est l'image de E.

Pour déterminer l'image de F, il faut déterminer le point pour lequel la droite (OE) est la médiatrice du segment défini par F et son image.

Dans l'hexagone régulier, le quadrilatère EDOF est un losange, ses diagonales sont perpendiculaires et se coupent en leur milieu.

Donc (OE) est la médiatrice de [FD], et donc D est l'image de F par la symétrie d'axe (OE).

Le triangle OED est l'image du triangle EOF par la symétrie d'axe (OE).

c) Il s'agit de **la rotation de centre O et d'angle 60° dans le sens des aiguilles d'une montre.**

Le point O est invariant et l'image d'un triangle est un triangle.

Dans un hexagone régulier, chacun des angles au centre est égal à 60°, on a donc : $\widehat{DOE} = 60°$ (sens des aiguilles d'une montre) et OE = OD.

E est donc l'image de D par la rotation de centre O et d'angle 60°.

$\widehat{COD} = 60°$ (sens des aiguilles d'une montre) et OC = OD.

D est donc l'image de C par la rotation de centre O et d'angle 60°.

Le triangle EOD est l'image du triangle COD par la rotation de centre O et d'angle 60° dans le sens des aiguilles d'une montre.

Exercice 2

Réponse : b) une translation

Exercice 3

Réponse : b) (*d*) est la médiatrice de [MM′]

☑ NIVEAU 2

Exercice 4

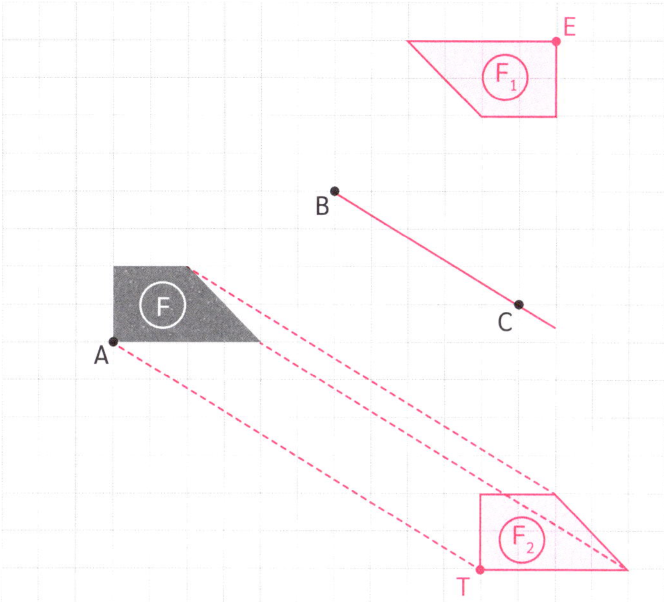

a) La symétrie centrale est une isométrie, la figure F_1 est isométrique à la figure F.
b) Il suffit de déterminer les images des sommets de la figure.
c) Idem.
d) La question porte sur la composition de deux symétries centrales de centres distincts. Aucune démonstration n'est attendue ici mais une simple déduction à partir de la prise d'information sur la figure.
On constate qu'il s'agit d'une translation :
– direction : droite (BC) ;
– sens : B vers C ;
– distance : 2 BC.

Exercice 5

a)

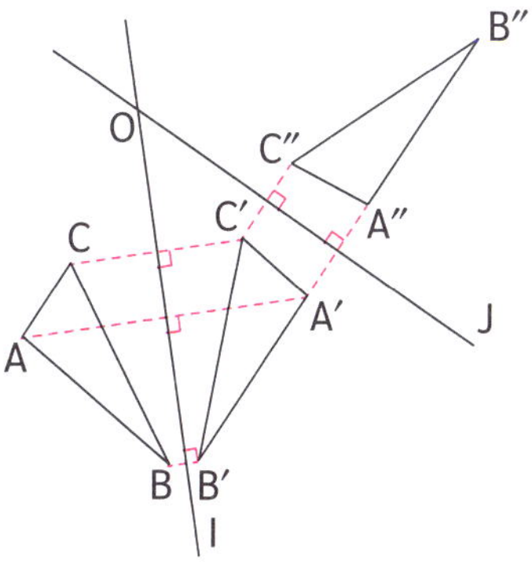

b) Sur la figure obtenue, on constate que les droites (AA″), (BB″) et (CC″) ne sont pas parallèles.

Or si A″B″C″ est le symétrique de ABC par rapport à une droite (d), on a alors (AA″) ⊥ (d) ; (BB″) ⊥ (d) et (CC″) ⊥ (d) et par conséquent (AA″) // (BB″) // (CC″).
Donc il n'existe pas de symétrie axiale qui transforme les trois points A, B, C en A″, B″ et C″.
c) B′ est le symétrique de B dans la symétrie d'axe (OI).
O est le symétrique de O, donc [OI) est la bissectrice de l'angle $\widehat{BOB'}$ et donc $\widehat{BOB'} = 2\,\widehat{IOB'}$.
De la même manière : B″ est l'image de B′ dans la symétrie d'axe (OJ). O est l'image de O donc [OI) est la bissectrice de l'angle $\widehat{B'OB''}$ et donc $\widehat{B'OB''} = 2\,\widehat{B'OJ}$.
Les angles $\widehat{BOB'}$ et $\widehat{B'OB''}$ sont adjacents.
Donc $\widehat{BOB''} = \widehat{BOB} + \widehat{B'OB''} = 2\,\widehat{IOB'} + 2\,\widehat{B'OJ} = 2(\widehat{IOB'} + \widehat{B'OJ})$.
Ces deux angles sont adjacents donc $\widehat{BOB''} = 2\,\widehat{IOJ}$.
d) La symétrie est une isométrie. Donc OB = OB′= OB″. Les points B, B′, B″ sont situés sur le cercle de centre O et de rayon OB.
Par ailleurs, $\widehat{BOB''} = 2\,\widehat{IOJ}$.
On en conclut que la transformation plane qui transforme A, B, C en A″, B″, C″ est une rotation de centre O et d'angle $2\,\widehat{IOJ}$.

RAPPEL

La composition de deux symétries axiales d'axes concourants est une rotation.

Exercice 6

Réponse : vrai

E est l'image de A et F l'image de C par la symétrie d'axe (BD) donc le segment [EF] est l'image du segment [AC]. On a donc AC = EF.
De plus, comme le point O est le milieu de [AC] et que la symétrie axiale conserve les milieux alors O est aussi le milieu de [EF].
On en déduit que le quadrilatère AECF est un rectangle car ses diagonales [AC] et [EF] ont même milieu et même longueur.

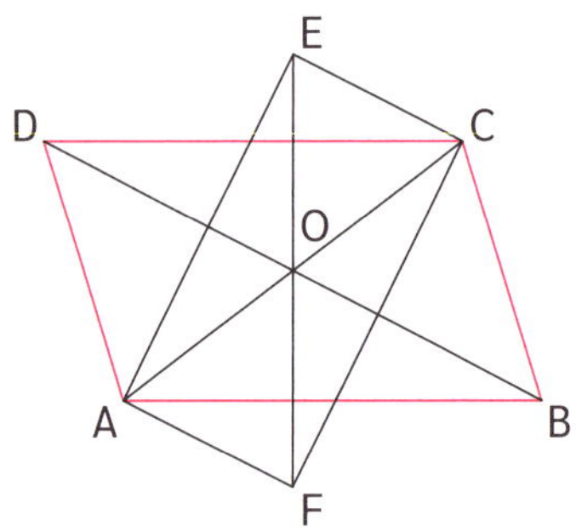

Exercice 7

Réponse : vrai

Le point I est le milieu de [BC] par construction. I est le milieu du segment [HJ], car J est le symétrique de H dans la symétrie de centre I. Par conséquent, le quadrilatère BHCJ dont les diagonales ont même milieu est un parallélogramme.
De plus, comme (BH) est perpendiculaire à (HC) alors le parallélogramme BHCJ qui a un angle droit est un rectangle. Comme dans un rectangle les diagonales ont même longueur et que I est le milieu de [BC] et [HJ] alors IH = IB.

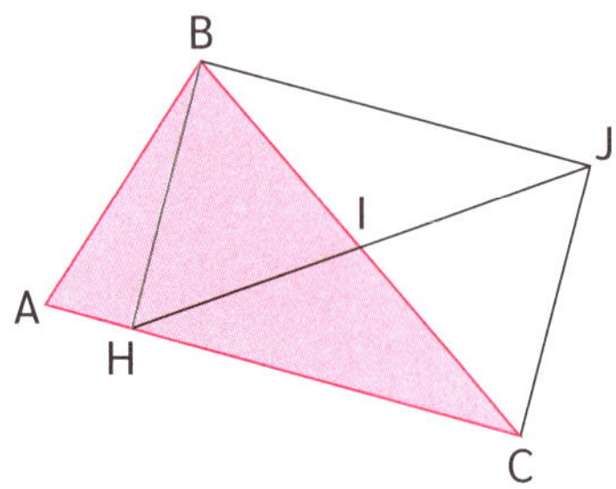

Exercice 8

Réponse : vrai

Considérons la rotation de centre A et d'angle 90°. Le transformé du point B est le point C et le transformé du point D est le point E. Donc le transformé du segment [BD] est le segment [CE]. Comme une rotation conserve les longueurs alors BD = CE.

Comme les points B et D admettent respectivement pour image les points C et E par la rotation de centre A et d'angle de mesure 90° alors la droite (BD) admet pour image la droite (CE) par cette même rotation. Par conséquent, les droites (BD) et (CE) sont perpendiculaires.

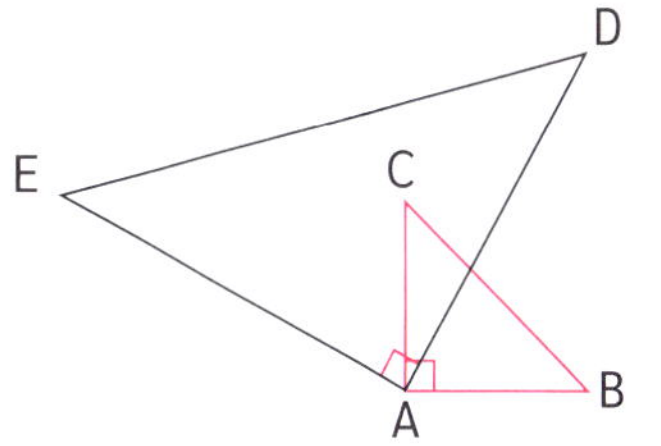

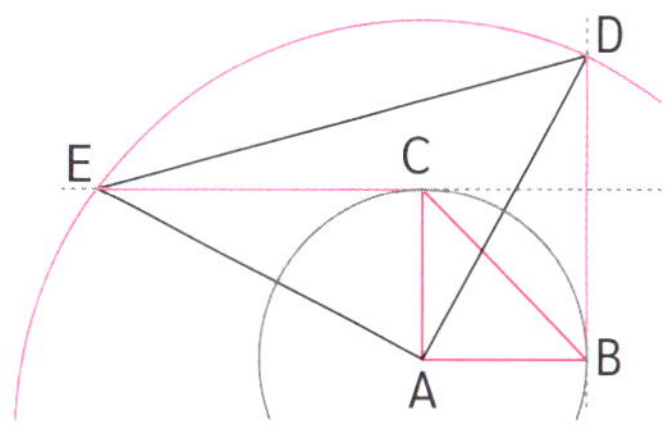

Exercice 9

Réponse : faux

Comme A est le milieu de [BD] et l'angle $\widehat{BAC}$ est droit car dans le triangle BAC, la somme des angles $\widehat{ABC}$ et $\widehat{ACB}$ est égale à 90° alors la droite (CA) est la médiatrice de [BD].

On en déduit que CB = CD et donc que le triangle BCD est isocèle. De plus, comme $\widehat{ABC} = \widehat{DBC} = 60°$, alors BCD est un triangle équilatéral. D'où CD = CB = BD.

C est le milieu [DE], donc CD = CE. Or CD = CB donc CB = CE.

Le triangle BCE est donc isocèle. BCE n'est pas rectangle, car $\widehat{BCE} = 120°$.

En effet, $\widehat{BCE} = 180° - \widehat{BCD} = 180° - 60°$, soit $\widehat{BCE} = 120°$.

La mesure des angles du triangle BCE est de 30°.

Considérons le triangle BDE. On a $\widehat{BDE} + \widehat{BED} = 60° + 30° = 90°$.

On en déduit que l'angle $\widehat{DBE}$ est droit et donc que le triangle BDE est rectangle en B.

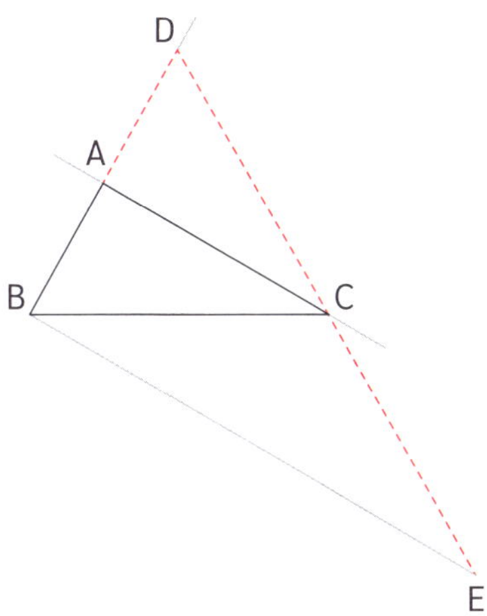

☑ NIVEAU 3

Exercice 10

a)

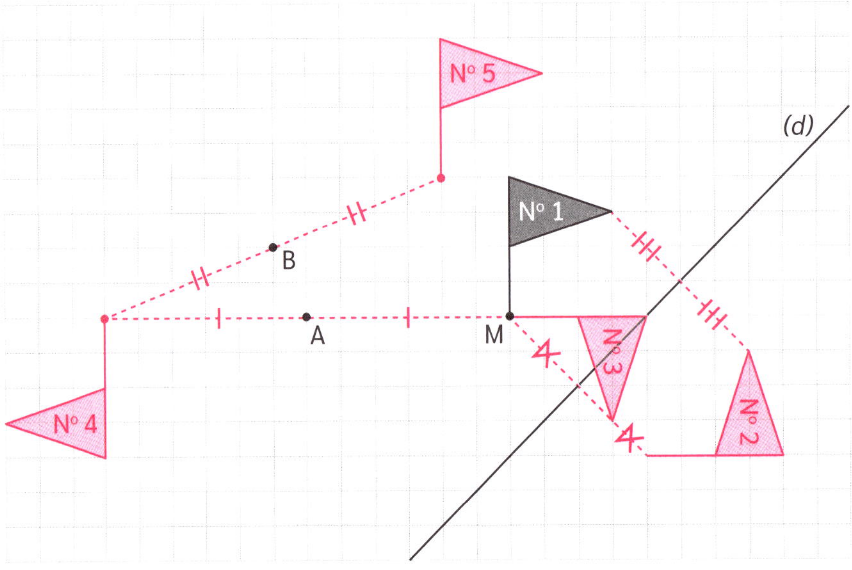

b) On peut passer de la figure 1 à la figure 5 par une translation :
– direction : droite (AB) ;
– sens : A vers B ;
– distance : 2AB.

Exercice 11

a)

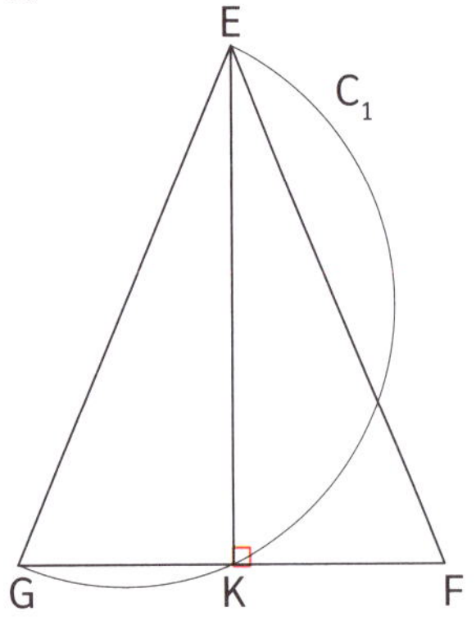

Note : la figure a été réduite.

b) Les points E, G et K sont situés sur le cercle de centre le milieu de [EG] et de rayon $\frac{1}{2}$ EG.

[EG] est un diamètre de ce cercle : le triangle EGK est inscrit dans un demi-cercle. Donc le triangle EGK est un triangle rectangle en K.

c) Nous pouvons en déduire que [EK] est une hauteur du triangle isocèle EFG issue du sommet principal E. Donc la droite (EK) est également une médiatrice du côté [GF].
Donc K est le milieu du segment [GF].

d) Le triangle EGK est rectangle en K. D'après la propriété de Pythagore, on a :
$EG^2 = GK^2 + EK^2$
K est le milieu de [GF], donc GK = 2.
$EK^2 = 6^2 - 2^2$
$EK^2 = 36 - 4 = 32$
$EK = \sqrt{32}$
$EK = \sqrt{16} \times \sqrt{2} = 4\sqrt{2}$ cm.
e) Si S est l'image de E par la translation qui transforme K en G, alors le quadrilatère ESGK est un parallélogramme ; ses côtés opposés sont égaux. On a ES = GK et GS = EK.
On trace les cercles C_1 de centre E et de rayon GK et C_2 de centre G et de rayon EK.
S est le point d'intersection de ces deux cercles qui se situe dans le demi-plan de frontière (GE) qui ne contient pas K.

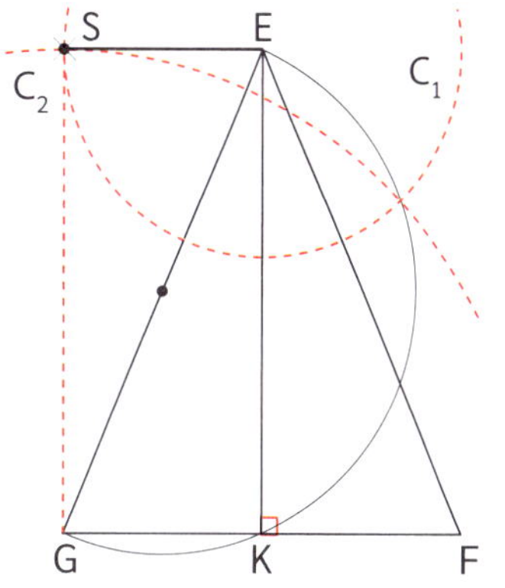

f) Le quadrilatère ESGK est donc un parallélogramme et $\widehat{EKG}$ est un angle droit, donc le quadrilatère ESGK est un rectangle.
g) Tout rectangle est inscrit dans le cercle de centre le point d'intersection de ses diagonales et de diamètre la longueur des diagonales. Or le cercle (C) a pour diamètre [EG].
Donc le rectangle ESGK est inscrit dans le cercle (C).

Exercice 12
a) Le triangle AA′B est isocèle de sommet principal A′. On trace un segment [AB] de longueur 3 cm. On place le point A′ à l'une des intersections des deux cercles de centres respectifs A et B et de rayon 4 cm.
Note : la figure a été réduite.

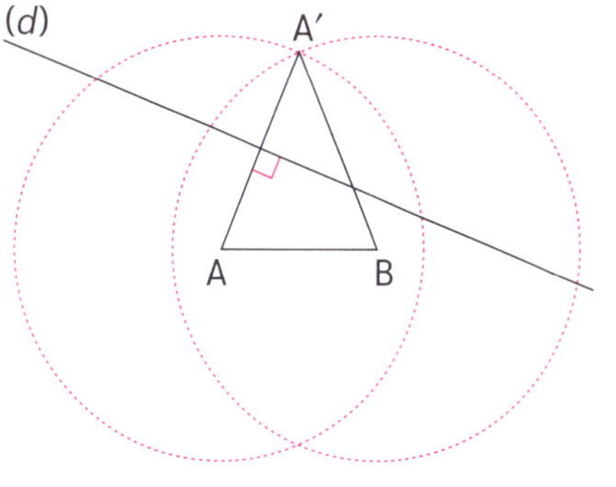

b) Le seul instrument autorisé est la règle non graduée. Elle ne permet ni la mesure ni le report des longueurs. Elle permet seulement de tracer des droites.
Justification : on prolonge le segment [AB] pour placer le point C intersection des droites (*d*) et (AB).
C est sur l'axe (*d*), il est invariant par la symétrie s d'axe (*d*) : *s*(C) = C.
La symétrie est une isométrie, l'image d'un segment est un segment. Donc le segment [A′C] est l'image du segment [AC] par la symétrie *s*. B est sur [AC] donc son image B′ est sur [A′C].
Soit I le point d'intersection des droites (*d*) et (A′B).
I est sur (*d*) donc s(I) = I.
L'image de la droite (AI) est la droite (A′I). Or B est sur la droite (A′I) donc B′ est sur la droite (AI).

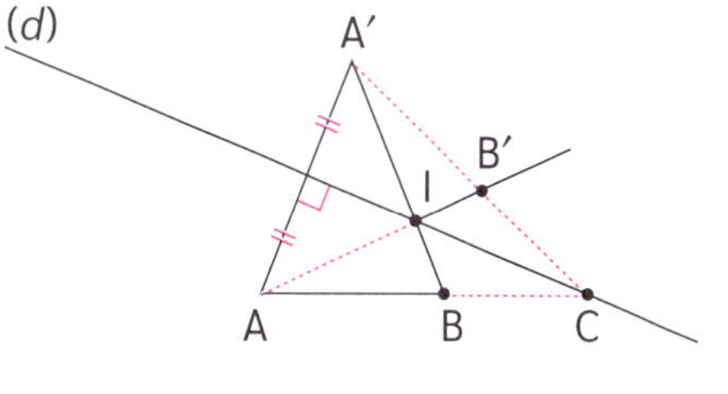

Conclusion :
B′ est sur la droite (A′C).
B′ est sur la droite (AI).
B′ est à l'intersection des droites (AI) et (A′C).
c) Cette construction n'est possible que si le point I existe.
Si (AB) ou (A′B) sont parallèles à la droite (*d*), la construction devient impossible.

PARTIE 14

VOLUMES – PATRONS

EXERCICES

Munissez-vous d'une feuille, d'un crayon, d'un compas et d'une règle pour certains exercices.

□ NIVEAU 1

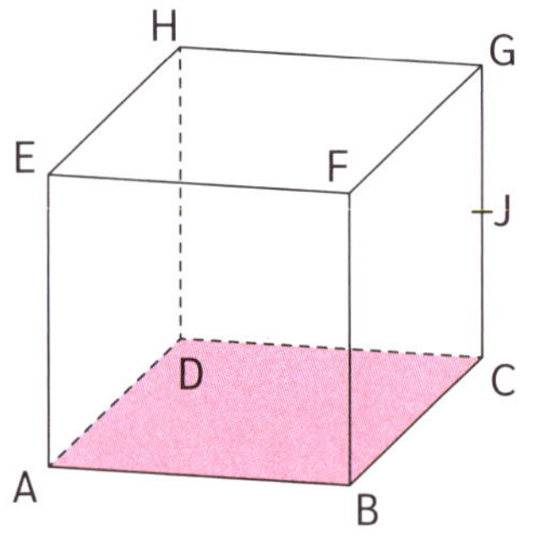

Exercice 1

La figure ci-contre représente un cube d'arête 10 cm. J est le milieu du segment [CG].

a) 1. Complétez le tableau en répondant par oui ou par non.
Pour la dernière ligne, nommez un triangle autre que ceux qui figurent dans le tableau.

Le triangle	Est-il rectangle ?	Est-il isocèle ?	Est-il équilatéral ?
DJH			
ACG			
AFC			
EHG			
....			

2. Justifiez vos affirmations concernant la nature des triangles AFC et EHG.

AFC : ....

EHG : ....

b) Cette figure représente un cube en bois (de 10 cm d'arête). On le partage en deux morceaux à l'aide d'une scie, qu'on suppose sans épaisseur, réalisant une coupe plane passant par les trois points R, S et T. Le point R est à 6 cm du sommet E, sur l'arête [EH]. Le point S est à 3 cm du sommet E, sur l'arête [EA]. Le point T est à 6 cm du sommet E, sur l'arête [EF]. On applique une des deux surfaces obtenues sur un tampon encreur et on imprime cette section RST sur une feuille.
Sans faire de calcul, dessinez sur une feuille en taille réelle à l'aide de la règle et du compas le contour de la surface imprimée. On utilisera des constructions géométriques annexes. Expliquez succinctement la construction géométrique.

Exercice 2

On considère une sphère de centre O et de rayon *r*. On note 𝒞 le cercle intersection de cette sphère et d'un plan P. La droite perpendiculaire au plan P et passant par O coupe ce plan en I et la sphère en A et B, comme indiqué sur la figure ; C est un point du cercle.

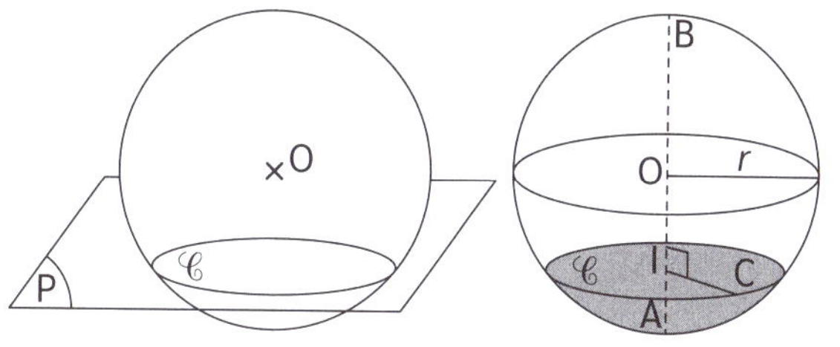

On remarquera que le triangle OIC est rectangle.
Calculez le rayon *r* de la sphère lorsque IA = 2 cm et IC = 4 cm.

....

....

Exercice 3

La figure ci-contre représente un cube en bois ABCDHEFG dont les faces opposées sont décorées avec le même motif : hachures, points ou uni.
Le volume de ce cube est 216 cm³.

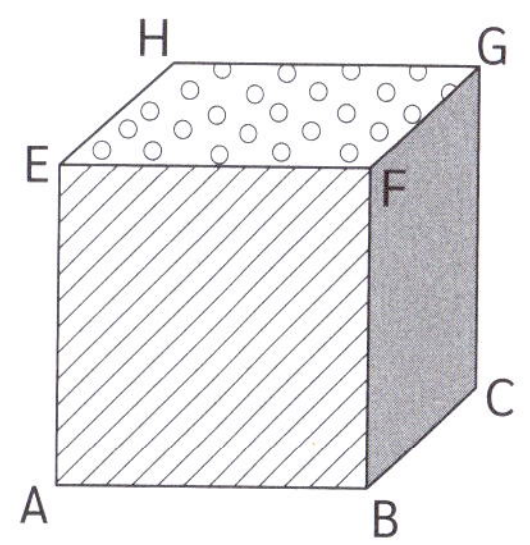

a) Nommez chaque face cachée de ce cube et indiquez son motif.

....

b) Parmi les patrons suivants, quels sont ceux qui correspondent au cube ABCDHEFG ?

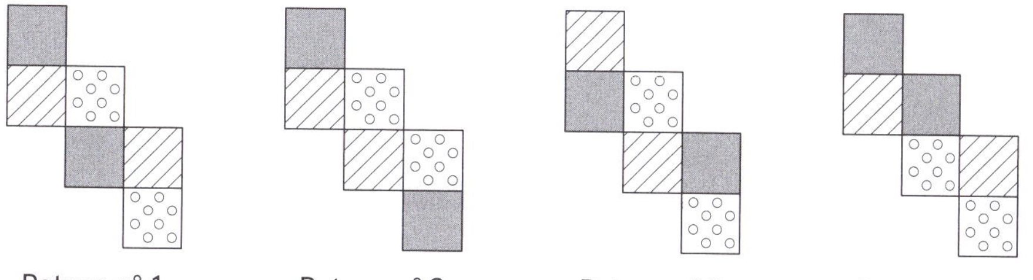

Patron n° 1 Patron n° 2 Patron n° 3 Patron n° 4

....

c) Le cube ABCDHEFG est scié en petits cubes identiques dont les arêtes sont 3 fois plus petites que celles du cube ABCDHEFG (cf. figure ci-après).

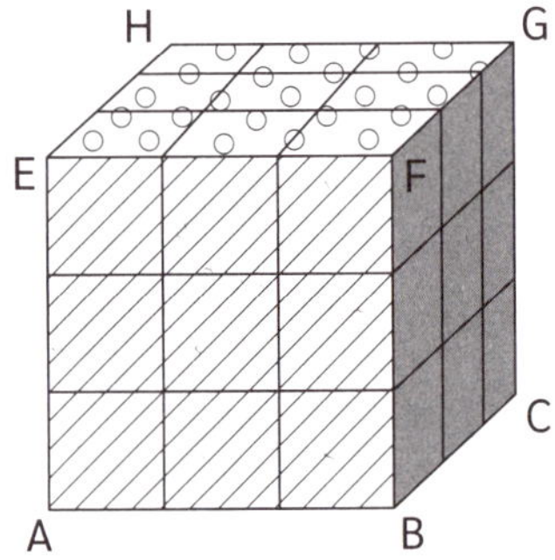

1. Combien de petits cubes obtient-on ?

....

2. Déterminez le volume d'un petit cube.

....

3. Déduisez-en la longueur des arêtes d'un petit cube et du grand cube ABCDHEFG.

....

4. Ces petits cubes n'ont pas tous le même nombre de faces décorées. Complétez le tableau suivant :

Nombre de faces décorées	0	1	2	3	4	5	6
Nombre de petits cubes							

5. Quel est le nombre total de petites faces décorées ?

....

d) Par assemblage et collage, on reconstitue le gros cube initial auquel on retire un petit cube à chacun de ses 8 sommets ; on obtient ainsi un nouveau solide.

1. Calculez le volume de ce solide.

....

2. Calculez son aire.

....

☐ NIVEAU 2

Exercice 4

On considère un cube ABCDEFGH de côté *a*. Les milieux des côtés [AB], [BC], [CD] et [DA] sont respectivement I, J, K et L ; S est le centre du carré EFGH.
Quelle proportion du volume du cube le volume de la pyramide IJKLS représente-t-il ?
Entourez la bonne réponse :

a) $\frac{1}{6}$ b) $\frac{1}{5}$ c) $\frac{1}{4}$ d) $\frac{1}{3}$

Exercice 5

La figure ci-contre représente un cube de 6 cm d'arête. K est le milieu du segment [DH] ; I est le milieu du segment [BD]. On étudie le triangle HDB.

a) Calculez les mesures exactes de DB et HB.

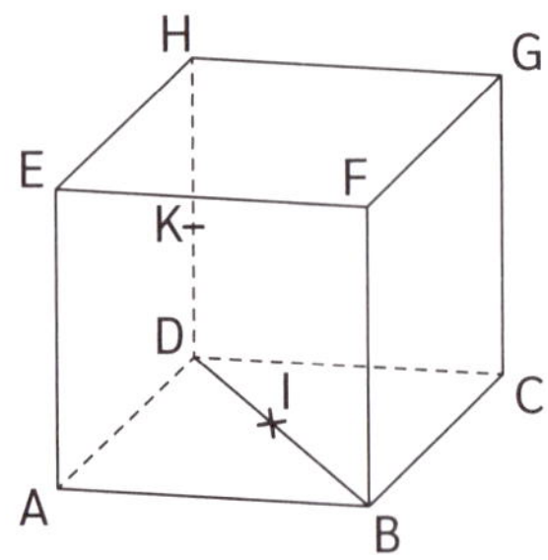

DB :..

HB : ....

b) Démontrez que les droites (KI) et (HB) sont parallèles. Déduisez-en KI.

....

....

c) Dessinez sur une feuille le triangle HDB en vraie grandeur.

Exercice 6

On considère un cube d'arête 10 cm.

Sur chacune de ses faces, on construit, à l'extérieur du cube, une pyramide régulière de hauteur 3 cm et dont la base est une des faces du cube. On obtient ainsi un nouveau solide.

a) Combien de sommets et d'arêtes ce nouveau solide possède-t-il ?

....

....

b) Calculez la longueur de l'arête d'une des pyramides.

....

....

Exercice 7

Soit le cube ci-contre d'arête *a*.

En coupant ce cube suivant le plan (BED), on obtient deux polyèdres. L'exercice ne concerne que le polyèdre ne contenant pas le sommet A.

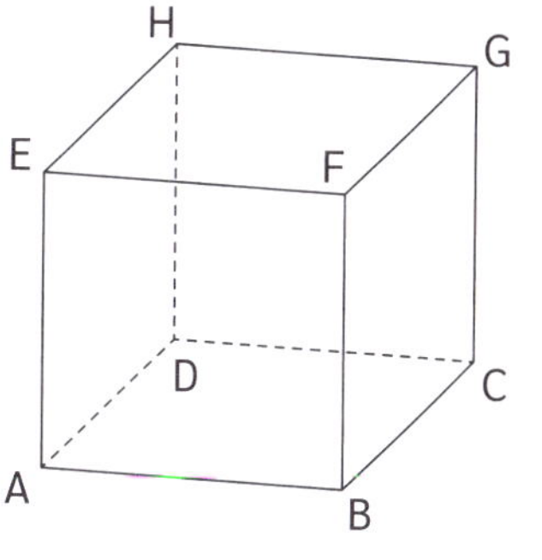

a) Donnez le nombre d'arêtes et le nombre de sommets de ce polyèdre.

....

....

b) Nommez chacune des faces triangulaires de ce polyèdre en précisant sa nature géométrique particulière éventuelle.

....

....

....

c) Tracez sur une feuille le patron du polyèdre en prenant $a = 5$ cm.

Exercice 8

Soit un cube dont les arêtes ont pour longueur 4 cm.
Tracez sur une feuille un patron d'une pyramide dont la base est une face du cube et dont le sommet est le milieu d'une arête de la face opposée du cube (vous réaliserez ce patron sans calculer les longueurs des arêtes de la pyramide passant par le sommet de celle-ci).

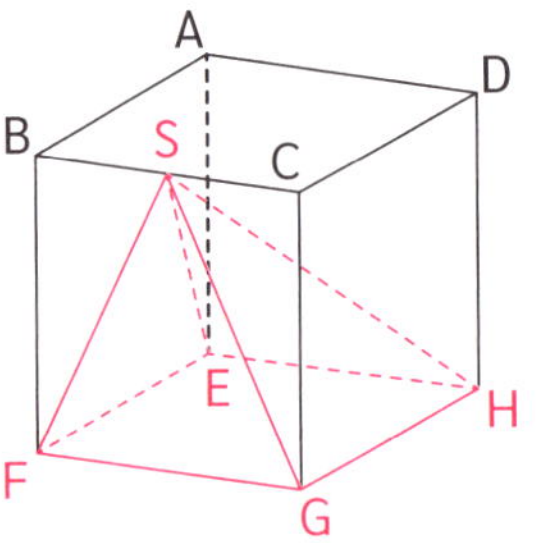

Exercice 9

ABCDEFGH est un parallélépipède rectangle. Placer le point I sur [DH]. La parallèle à (AD) passant par I coupe (AH) en K. La parallèle à (DC) passant par I coupe (CH) en J. L'affirmation « Les plans (IJK) et (ABC) sont parallèles » est-elle exacte ? Entourez la bonne réponse :

vrai faux

Exercice 10

Soit un cône de révolution de hauteur 8 cm et dont le cercle de base a pour rayon 6 cm. Son patron est présenté ci-contre (taille réduite).
La mesure de l'angle *a* est égale à :

a) 214° b) 216°
c) 218° d) 220°

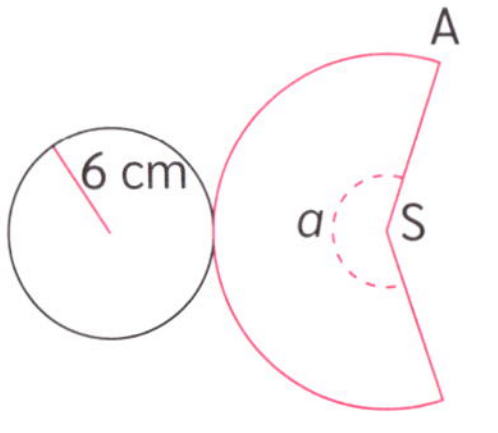

Exercice 11

Soit ABCDEFGH un cube.
Les points I et J appartiennent respectivement aux segments [EH] et [AB]. L'affirmation « Les plans (IJD) et (BFC) sont parallèles » est-elle exacte ?

vrai faux

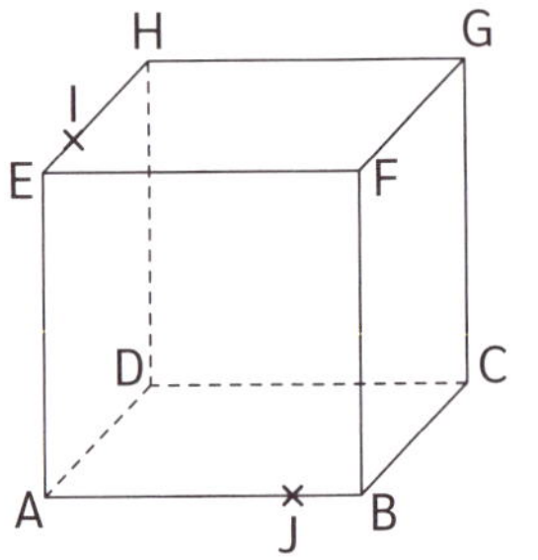

☐ NIVEAU 3

Exercice 12

On considère le cube ABCDEFGH ci-contre, de côté 4 cm. I, J, K et L sont les milieux respectifs des côtés [BC], [EH], [AD] et [FG].

a) 1. Justifiez que AC = CH = HF = FA.

....

2. Peut-on dire que ACHF est un losange ?

....

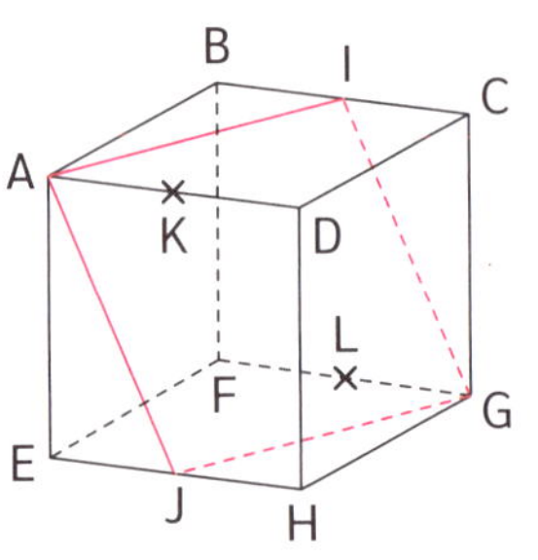

b) Démontrez que les quadrilatères AICK, CKJG et AIGJ sont des parallélogrammes.

....

....

....

c) Démontrez que AIGJ est un losange.

....

....

....

d) Le quadrilatère AIGJ est-il un carré ? Justifiez.

....

....

....

e) Construisez sur une feuille, à la règle et au compas, le losange AIGJ en vraie grandeur en laissant visibles tous les traits de construction.

Exercice 13

ABCD est un tétraèdre. Le triangle ABC est rectangle en B. La droite (DC) est perpendiculaire à (BC) et à (AC). On sait que AB = 4 cm ; BC = 3 cm ; DC = 4 cm.
Soit E le milieu de [AD], F le point de [BD] tel que BF = $\frac{1}{4}$ BD et soit G le point de [CD] tel que CG = 1 cm.
Soit le point M, intersection de la droite (EF) avec le plan (ABC) et le point N, intersection de la droite (EG) avec le plan (ABC).
L'affirmation « L'intersection des plans (EFG) et (ABC) est la droite (MN) » est-elle exacte ? Justifiez.

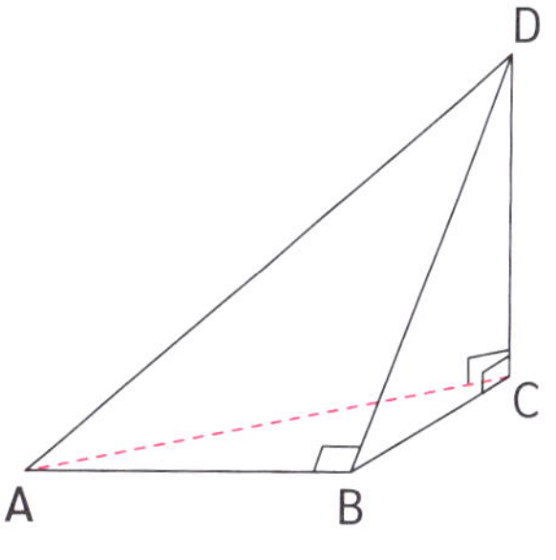

vrai faux

....

....

....

....

CORRIGÉS

NIVEAU 1

Exercice 1

a) 1.

Le triangle	Est-il rectangle ?	Est-il isocèle ?	Est-il équilatéral ?
DJH	Non	Oui	Non
ACG	Oui	Non	Non
AFC	Non	Oui	Oui
EHG	Oui	Oui	Non
HDB	Oui	Non	Non

2.

- Nature du triangle AFC : [AF], [FC] et [AC] sont les diagonales des trois carrés isométriques EFBA, FGCB, ADCB : AF = FC = AC. Donc le triangle AFC est équilatéral.
- Nature du triangle EHG : Dans le carré EFGH, on a : EH = HG et (EH) perpendiculaire à (HG). Donc le triangle EHG est isocèle rectangle en H.

b) Visualisation de la coupe :

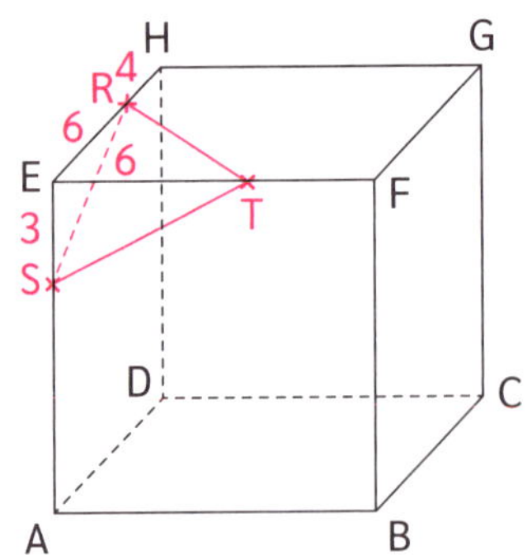

Étapes de la construction du contour de la surface imprimée RST :

- Tracer un triangle rectangle tel que les deux côtés perpendiculaires mesurent 3 et 6 cm : l'hypoténuse de ce triangle a la même mesure que [RS] et [ST].
- Tracer un triangle rectangle isocèle dont les côtés perpendiculaires mesurent 6 cm : l'hypoténuse de ce triangle a la même mesure que [RT].
- Construire le triangle RST en reportant avec le compas les mesures ainsi déterminées.

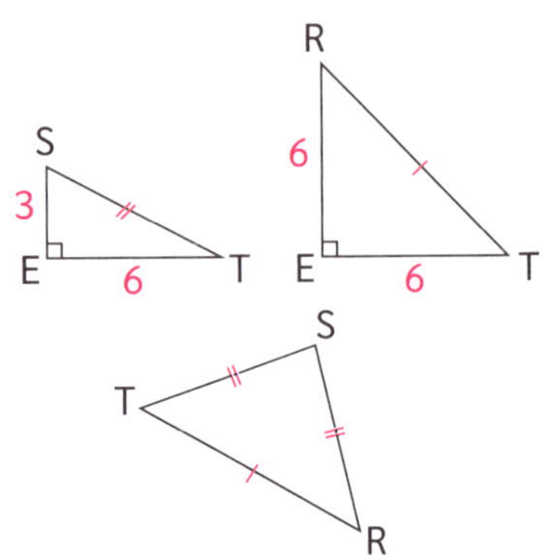

Exercice 2

r est le rayon de la sphère et C un point de la sphère. Donc [OC] est un rayon de la sphère, d'où OC = r. O, I et A sont alignés. [OA] est un rayon de la sphère, d'où OA = r et OI = r – IA = r – 2. Le triangle OIC est rectangle en I, donc d'après la propriété de Pythagore, on a :

$OC^2 = OI^2 + IC^2$

d'où $r^2 = (r - 2)^2 + 4^2$

$r^2 = r^2 - 4r + 4 + 16$

$4r = 20$

Réponse : $r = 5$.

Exercice 3

a) Les faces cachées sont :
- la face HGCD : motif hachuré ;
- la face EHDA : motif grisé uni ;
- la face ABCD : motif points.

b) On ne doit retenir que les patrons pour lesquels les faces ayant le même motif seront opposées.

Dans le patron n° 2, les faces qui ont le même motif ont une arête commune : elles ne sont pas opposées. Dans le patron n° 4, il en est de même pour les faces unies et points.

Donc seuls conviennent les patrons 1 et 3 : les faces de même motif n'ont pas d'arête commune, elles sont opposées.

c) 1. On obtient $3 \times 3 \times 3$ petits cubes soit **27 petits cubes**.

2. Le volume du cube initial est 216 cm³. Chaque petit cube a un volume de : $\frac{216}{27} = 8$, soit **8 cm³**.

3. Si a est la mesure en cm de l'arête d'un petit cube, son volume V est égal à : $V = a^3$. Or $V = 8 = 2^3$. Donc $a = 2$ cm.

Et donc l'arête du grand cube mesure $a \times 3 = 2 \times 3 = 6$ cm.

4.

Nombre de faces décorées	0	1	2	3	4	5	6
Nombre de petits cubes	1	6	12	8	0	0	0

5. Il y a 6×9 petites faces décorées, soit 54 faces décorées.

d) 1. On sait que le volume d'un petit cube est égal à 8 cm³. Si on retire 8 petits cubes, le volume du solide restant sera : $216 - 8 \times 8 = 216 - 64 = 152$, soit 152 cm³.

Réponse : 152 cm³.

2. L'aire du solide initial est égale à : $6 \times 6 \times 6 = 216$ cm² (6 faces carrées).

Lorsqu'on enlève un petit cube, on enlève trois faces au grand cube. Mais les trois faces cachées du petit cube apparaissent maintenant et doivent être prises en compte pour le calcul de l'aire du nouveau solide. Donc l'aire ne change pas et est égale à 216 cm².

Réponse : 216 cm².

☑ NIVEAU 2

Exercice 4

Réponse : a) $\frac{1}{6}$

Montrons que la base B de la pyramide IJKLS est un carré.

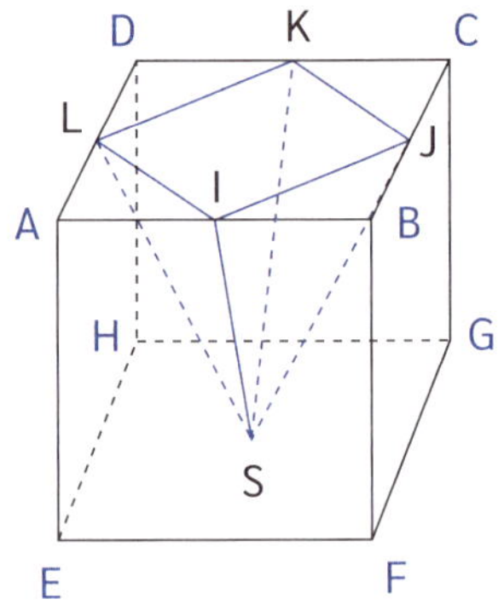

Considérons le triangle rectangle ABC. Comme les points I et J sont les milieux respectifs des côtés [AB] et [BC] alors d'après le théorème des milieux (IJ) est parallèle à (AC) et $IJ = \frac{AC}{2} = \frac{a\sqrt{2}}{2}$ car $AB = a$ et $AC = a\sqrt{2}$ comme hypoténuse du triangle rectangle isocèle ABC.

De même en considérant le triangle rectangle ADC : comme les points L et K sont les milieux respectifs des côtés [DA] et [DC], alors d'après le théorème des milieux, (LK) est parallèle à (AC) et $LK = \frac{AC}{2}$.

On en déduit que le quadrilatère IJKL est un parallélogramme car il a deux côtés parallèles et de même longueur. En effet, (IJ) // (LK) et IJ = LK.
Le quadrilatère IBCK est un rectangle, (KC) // (IB), KC = IB et (KC) est perpendiculaire à (BC).
On a donc KI = DC. De la même manière car on a LJ = AB. Comme ABCD est un carré, soit DC = AB alors KI = LJ.
On vient d'établir que les diagonales du parallélogramme IJKL ont même mesure, donc que le quadrilatère IJKL est un carré.
Le volume du cube est $V_c = a^3$. Soit O le centre de LKJI.
La hauteur de la pyramide SIJKL est $h = SO = a$.

Le volume de la pyramide est $V_P = \frac{1}{3}B \times h = \frac{1}{3}\left(\frac{a\sqrt{2}}{2}\right)^2 \times a$, soit $V_P = \frac{1}{6}a^3$.

On en déduit que $V_P = \frac{1}{6}V_c$.

Réponse : Le volume de la pyramide représente une proportion de $\frac{1}{6}$ du volume du cube.

Exercice 5

a) [DB] est une diagonale du carré ABCD de côté 6 cm. Donc $DB = 6\sqrt{2}$ cm. [HB] est une diagonale du cube d'arête 6 cm. Donc $HB = 6\sqrt{3}$ cm.
Réponse : $DB = 6\sqrt{2}$ cm et $HB = 6\sqrt{3}$ cm.
b) Dans le triangle HDB, comme I est le milieu de [DB] et K le milieu de [HD], d'après le théorème de la droite des milieux, on a : (KI) parallèle à (HB) et $KI = \frac{1}{2}HB$ d'où $KI = 3\sqrt{3}$ cm.

c) Le triangle HDB est un triangle rectangle en D. Deux de ses dimensions sont des nombres irrationnels. Il est nécessaire d'utiliser un procédé géométrique pour le tracer (non demandé) :
Tracer un carré de côté 6 cm.
Tracer une diagonale du carré.
Tracer une droite perpendiculaire à cette diagonale passant par une de ses extrémités.
À partir de cette extrémité, sur cette droite placer le point H à 6 cm.
Joindre à l'autre extrémité de la diagonale.

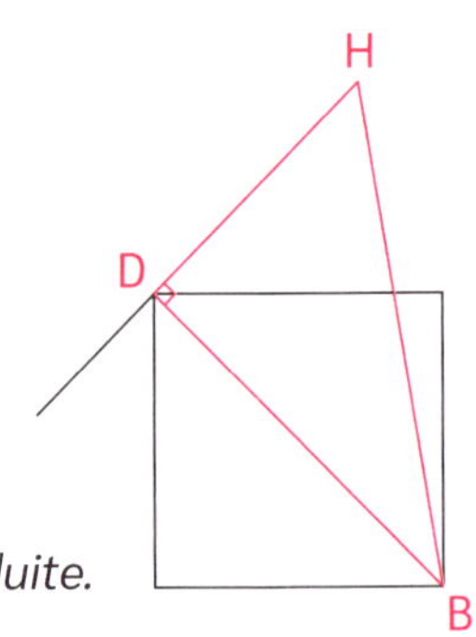

La figure est de taille réduite.

Exercice 6

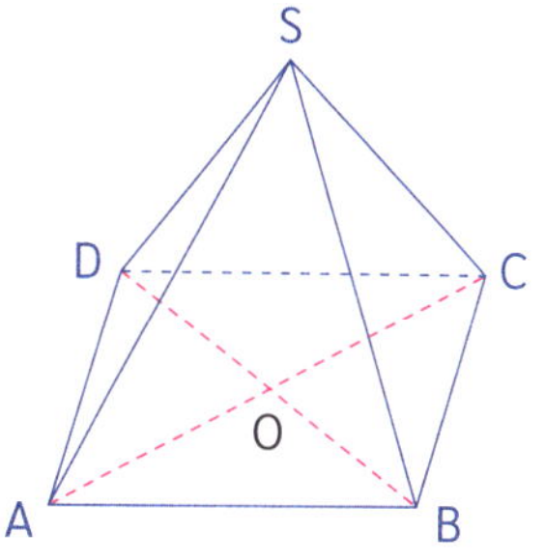

a) On constate que chaque sommet du cube est un sommet du nouveau polyèdre. Il y a autant de pyramides que de faces du cube. Donc il y aura : les 8 sommets du cube + les 6 sommets principaux des pyramides, soit 14 sommets sur ce nouveau polyèdre.

De la même manière, les arêtes du cube sont des arêtes du nouveau polyèdre. Chaque pyramide génère quatre arêtes supplémentaires. Il y a donc : 12 arêtes du cube et 4×6 arêtes de pyramides, soit 36 arêtes pour ce nouveau polyèdre.

Réponse : 14 sommets et 36 arêtes.

b) Soit S le sommet d'une pyramide, O le centre de sa base (ABCD) et B un sommet du cube.
On a (SO) orthogonale au plan (ABCD) donc (SO) perpendiculaire à (OB). Donc le triangle SOB est rectangle en O.

OB est égal à la moitié de la diagonale du carré ABCD de côté 10 cm. On a donc $OB = 5\sqrt{2}$.

D'après le théorème de Pythagore appliqué au triangle SOB rectangle en O :

$SB^2 = OS^2 + OB^2$

$SB^2 = 3^2 + (5\sqrt{2})^2 = 9 + 50 = 59$

Réponse : $SB = \sqrt{59}$ cm.

REMARQUE

Aucune justification n'est demandée pour les réponses à apporter. Cela nécessite néanmoins une bonne représentation du volume dans l'espace, vous pouvez vous aider d'un dessin à main levée.

Exercice 7

a) Le polyèdre obtenu est un cube auquel on a enlevé un « coin ».
Il comporte donc exactement le même nombre de sommets que le cube moins un, donc 7.
En revanche, la « coupe » ne génère pas d'arêtes supplémentaires ni n'en diminue le nombre.
Donc le nombre d'arêtes est le même que pour le cube, soit 12.

Réponse : 7 sommets et 12 arêtes.

b) Le polyèdre comporte une face de plus que le cube, soit 7 :

– 3 faces sont des carrés : HGFE, HGCD et FGCB ;

– 4 faces sont des triangles :

  – trois faces sont des triangles rectangles isocèles isométriques (« des demi-carrés ») : EHD, DCB, EFB ;

  – une face est un triangle équilatéral EDB, chacun de ses côtés est une diagonale d'une face carrée du cube.

c) Pour bien identifier les différentes faces, on les numérote :

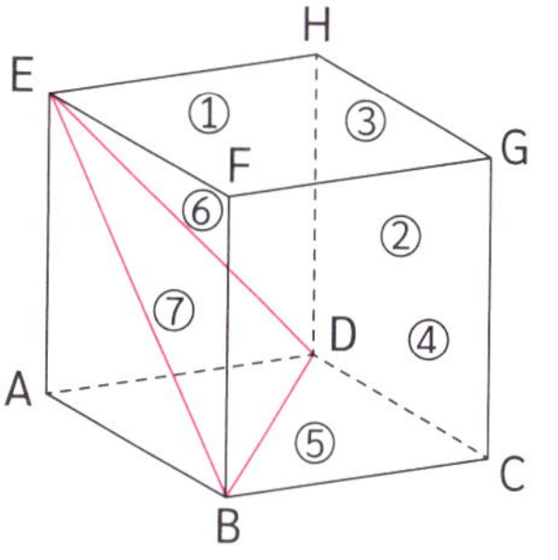

Face 1 : EHD
Face 2 : HGCD
Face 3 : HGFE
Face 4 : FGCB
Face 5 : DCB
Face 6 : EFB
Face 7 : EDB

Patron du polyèdre (*taille réduite*) :

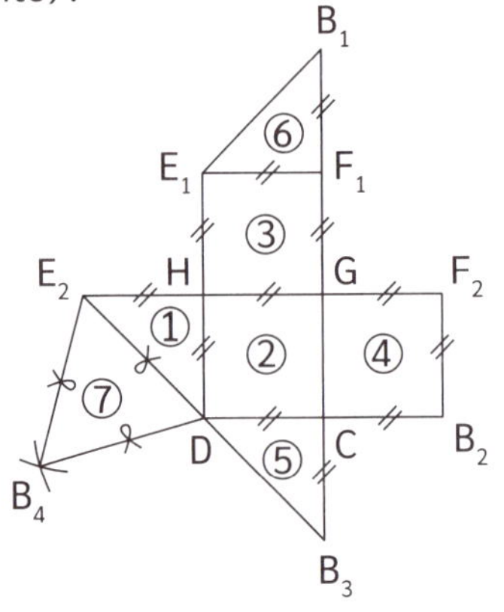

Exercice 8

La droite (HG) est orthogonale au plan (SFG) donc l'angle HGS est un angle droit.
La droite (EF) est orthogonale au plan (SFG) donc l'angle SFE est un angle droit.
Les faces de la pyramide sont donc :

– un carré ;
– deux triangles rectangles isométriques ;
– deux triangles isocèles non isométriques.

Programme de construction (*taille réduite*) :
Tracer le carré EHGF de côté 4 cm.
Tracer le carré FGCB.
Placer le point S_1, milieu de [BC].
Le cercle de centre G et de rayon GS_1 coupe la demi-droite [FG) en S_3.
Le cercle de centre F et de rayon FS_1 coupe la demi-droite [GF) en S_2.
Tracer les arêtes [FS_2], [GS_3], [FS_1], [GS_1], [ES_2], [HS_3].
Les cercles $\mathscr{C}_1$ et $\mathscr{C}_2$ de centres respectifs E et H et de rayon $ES_2 = HS_3$ se recoupent en S_4 (dans le demi-plan de frontière (EH) ne contenant pas F).
Tracer les arêtes [ES_4], [HS_4].

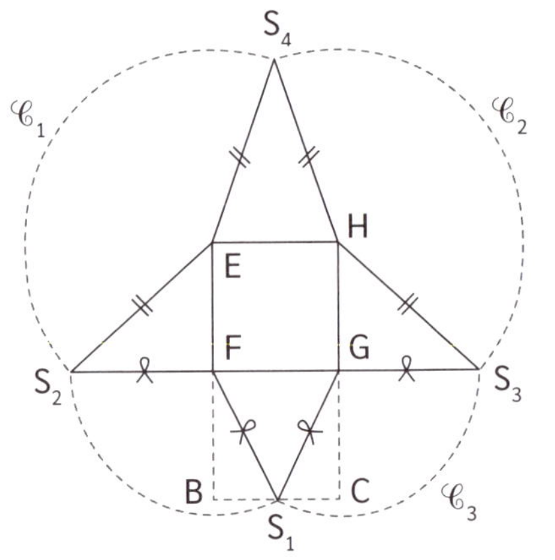

$\mathscr{C}_1$: cercle de centre E et de rayon ES_2.
$\mathscr{C}_2$: cercle de centre H et de rayon $HS_3 = ES_2$.
$\mathscr{C}_2$: cercle de centre G et de rayon GS_1.

Exercice 9

Réponse : vrai.
Les droites (IJ) et (IK) sont sécantes en I et appartiennent au même plan (IJK).
Les droites (DC) et (AD) sont sécantes en D et appartiennent au même plan (ABC).
Les droites (IJ) et (IK) sont respectivement parallèles aux droites (DC) et (AD).
Comme le plan (IJK) contient deux droites sécantes (IJ) et (IK) respectivement parallèles à deux droites sécantes (DC) et (AD) du plan (ABC), alors les plans (IJK) et (ABC) sont parallèles.

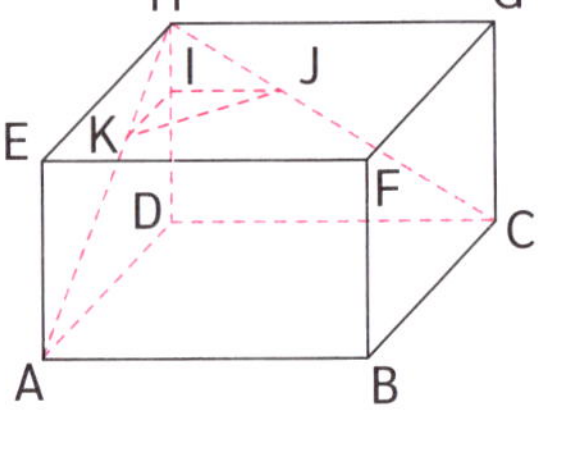

Exercice 10

Réponse : b) 216°.

Le cône de révolution associé au patron est représenté par la figure ci-contre : la longueur L de l'arc de cercle de centre S et de rayon SA est égale au périmètre du cercle de rayon 6. On a donc $L = 2\pi \times 6 = 12\pi$. Le périmètre P du cercle de centre S et de rayon SA est égal à $2\pi \times \text{SA}$.

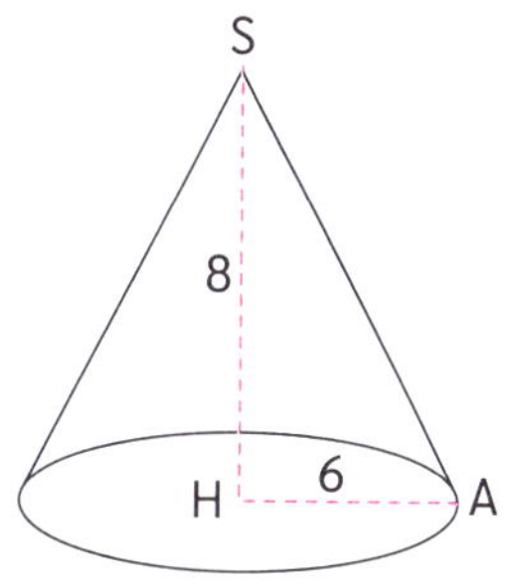

Appliquons le théorème de Pythagore au triangle rectangle AHS.
On a $\text{SA}^2 = \text{SH}^2 + \text{AH}^2 = 8^2 + 6^2 = 100$, soit SA = 10. On en déduit $P = 2\pi \times 10 = 20\pi$.

Comme l'angle a est proportionnel à la longueur L de l'arc de cercle, on peut donc dresser le tableau de proportionnalité suivant :

Angle	360°	a°
Longueur	20π	12π

En effectuant un produit en croix, il vient : $20\pi \times a = 12\pi \times 360$, soit $a = \dfrac{12\pi \times 360}{20\pi}$, d'où $a = 216°$.

Exercice 11

Réponse : faux.

Les points I et D appartiennent aux plans (IHD) et (IJD). Donc les plans (IHD) et (IJD) sont sécants et admettent pour intersection la droite (ID).
Le point J n'appartient pas au plan (IHD).
Les plans (IHD) et (BFC) sont parallèles comme faces opposées du cube ABCDEFGH.
On a donc (IHD) // (BFC) et (IHD) et (IJD) sécants.
On en déduit que les plans (IJD) et (BFC) sont sécants car lorsque deux plans sont parallèles tout plan sécant à l'un est sécant à l'autre.

☑ NIVEAU 3

Exercice 12

a) 1. [AC] , [CH] , [HF] , [FA] sont des diagonales de carrés isométriques, donc AC = CH = HF = FA.

2. ACHF est un losange si : AC = CH = HF = FA et si les points A, C, H et F sont coplanaires.
Or le point F n'appartient pas au plan (ACH).

Réponse : Donc ACHF n'est pas un polygone et ne peut être un losange.

b)

- Montrons que ICKA est un parallélogramme : I est sur (BC), K est sur (AD) et (AD) est parallèle à (BC) donc (IC) est parallèle à (AK), par ailleurs IC = AK = 2 cm. Donc le quadrilatère ICKA est un parallélogramme.
- Montrons que CKJG est un parallélogramme : [KJ] est une médiane du carré ADHE donc (KJ) est parallèle à (DH). Or (DH) est parallèle à (CG). Donc les droites (KJ) et (CG) sont parallèles et KJ = CG.
  Donc le quadrilatère CKJG est un parallélogramme.

- Montrons que AIGJ est un parallélogramme : comme ICKA est un parallélogramme, on a (AI) parallèle à (CK) et AI = CK. Comme CKJG est un parallélogramme, on a (CK) parallèle à (GJ) et CK = GJ, donc (AI) parallèle à (JG) et AI = JG.
  Donc le quadrilatère AIGJ est un parallélogramme.

c)

- Appliquons le théorème de Pythagore au triangle ABI rectangle en B :

$AI^2 = AB^2 + BI^2$
$AI^2 = 4^2 + 2^2$
$AI^2 = 20$
D'où $AI = 2\sqrt{5}$ cm.

- Appliquons le théorème de Pythagore au triangle ICG rectangle en C :

$IG^2 = CG^2 + IC^2$
$IG^2 = 4^2 + 2^2$
$IG^2 = 20$ d'où $IG = 2\sqrt{5}$ cm.
Comme AI = IG, alors le parallélogramme AIGJ est un losange.
d) Le losange AIGJ est un carré si tous ses angles sont droits. Cherchons si le triangle AIG est rectangle en I.
Nous savons que $AI = 2\sqrt{5}$ cm et $IG = 2\sqrt{5}$ cm. AG est une diagonale du cube ABCDEFGH donc $AG = 4\sqrt{3}$.
$AI^2 + IG^2 = (2\sqrt{5})^2 + (2\sqrt{5})^2$
$= 20 + 20$
$= 40$
$AG^2 = (4\sqrt{3})^2$
$= 48$
$AI^2 + IG^2 \neq AG^2$
Donc d'après la réciproque du théorème de Pythagore, le triangle AIG n'est pas rectangle en I.
Réponse : le losange AIGJ n'est pas un carré.
e) Construction du quadrilatère AIGJ :

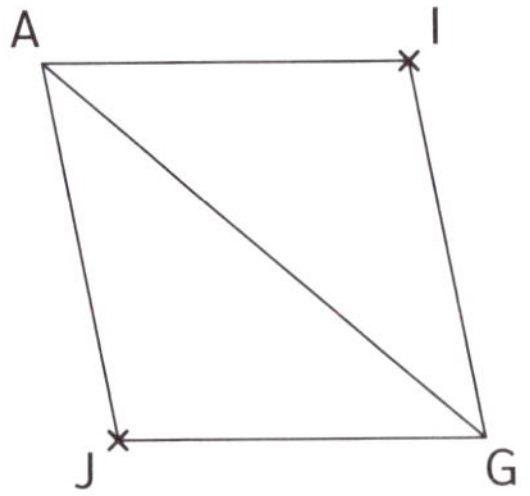

Exercice 13

Réponse : vrai.
Les points E et F appartiennent au plan ABD, car ces points appartiennent respectivement aux droites (AD) et (DB).
Les droites (EF) et (AB) sont coplanaires car elles appartiennent au même plan (ABD).
Elles sont sécantes en M car E est le milieu de [AD] alors que F n'est pas le milieu de [BD], or si tel était le cas alors d'après le théorème des milieux on aurait (EF) // (AB).

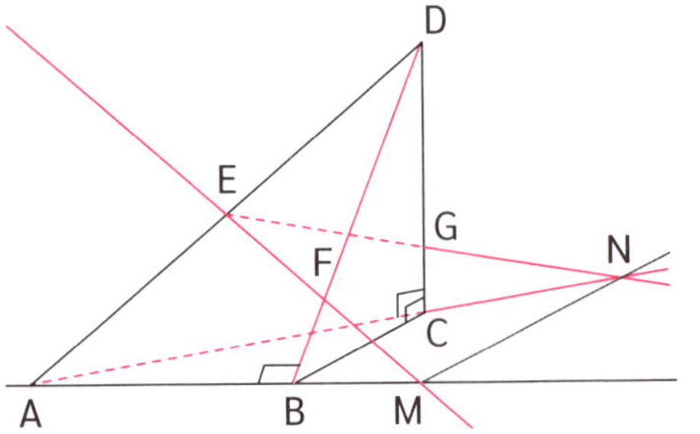

M est un point de (AB) donc aussi un point du plan (ABC).
On en déduit que le point M est bien à l'intersection de (EF) et du plan (ABC).
De la même façon, les points E et G appartiennent au plan ADC, car ces points appartiennent respectivement aux droites (AD) et (DC).
Les droites (EG) et (AC) sont coplanaires car elles appartiennent au même plan (ADC).
Elles sont sécantes en N car E est le milieu de [AD] alors que G n'est pas le milieu de [CD]. En effet, si G était le milieu de CD, alors d'après le théorème des milieux on aurait (EG) // (AC).
N est un point de (AC) donc aussi un point du plan (ABC).
On en déduit que le point N est bien à l'intersection de (EG) et du plan (ABC).
Comme M et N sont deux points distincts appartenant au plan (ABC) alors la droite (MN) appartient au plan (ABC).
Le point M appartient au plan (EFG) car M appartient à la droite (EF), incluse dans le plan (EFG).
De même, le point N appartient au plan (EFG) car N appartient à la droite (EG), incluse dans le plan (EFG).
Comme M et N sont deux points distincts appartenant au plan (EFG) alors la droite (MN) appartient au plan (EFG).
Comme (MN) appartient aux plans (ABC) et (EFG), alors elle appartient à leur intersection.

NOTES – BROUILLONS

NOTES – BROUILLONS

Ce livre est imprimé sur du papier
issu de forêts gérées durablement.